ドイツの戦闘機
写真集
GERMAN FIGHTERS

野原茂［責任編集］

光人社

当時のオリジナルカラー写真で見る ドイツ空軍戦闘機

第二次世界大戦当時、日本ではカメラ自体が高価な贅沢品であり、一般の人々にとっては、とても身近な存在とはいえなかった。そのため、軍やメーカーが記録用に撮影した写真でさえも、わずかな例外を除き、モノクロ（白／黒）が当たりまえだった。

こうした、当時の実情を知らない現代の若者にとって、零戦や隼など、旧日本軍用機のオリジナル・カラー写真が無いことは、ちょっと理解し難いことかもしれぬ。

ところが、同じ時代のヨーロッパ第一の工業国ドイツでは、一般の人々にもカメラが広く普及していて、写真を撮るということは、ごく日常的なことだった。しかも、日本では及びもつかないことだが、すでに戦前からカラー・フィルムさえもが出廻っていて、陸、海、空軍、それに兵器メーカーなどは、記録、および宣伝目的のために、かなりの公式カラー写真を撮っていた。

これらのカラー写真は、現代の目でみれば、さすがに発色、鮮明度ともに見劣りするものだが、やはりモノクロ写真では望むべくもない、〝天然色〟の雰囲気を伝え得る、絶対的な強みがある。

以下に掲載したのは、戦後すぐに、捕獲した機体を撮影した、アメリカ陸軍航空隊のものを含め、ドイツ国防軍、および空軍の広報雑誌などに掲載された、オリジナルのカラー写真である。写真によっては、全体に赤味が強くなっていたりするが、前記したような点で、それぞれに貴重なものだ。

（解説：野原 茂）

↑　バトル・オブ・ブリテン（英本土航空決戦）も先が見えた1940年10月、フランス領内基地にて、愛機Bf109E-4を背に、部下とともにポーズをとる、第54戦闘航空団第Ⅲ飛行隊第９中隊長ハンス・フィリップ中尉（中央）。戦術識別色の黄色に塗った、方向舵に記入された、18本の撃墜マークが示すように、フィリップ中尉は、のちに通算206機撃墜の大スコアを記録するエースになる人物。

〈写真・資料他協力者〉
内藤一郎、荒蒔義次、秋本実、小橋良夫、BUNDESARCHIV, Deutsches Museum, U.S.Air Force, U.S. Army Official, National Archives, Smithonian Institution, M.B.B., Imperial War Museum

↑　これは珍しいカラー写真のひとつで、同盟国のルーマニア空軍に供与されたBf109E-4、またはE-7（向こう側の2機）と、ドイツ空軍の同型機による編隊飛行シーン。言うまでもなく、枢軸同盟の結束ぶりを内外に誇示するための、きわめて政治的なプロパガンダ色の強い写真である。

↓　北アフリカの、地中海沿岸部上空を低空飛行する、第27戦闘航空団第Ⅰ飛行隊第2中隊所属、ヴェルナー・シュレーア少尉乗機Bf109E-7/Trop。本写真は発色も比較的よく、青々とした地中海、サンドイエロー地にオリーブグリーンの斑点迷彩などがはっきりとわかり、60年近くも前のカラー写真とはとても思えないほどである。シュレーア少尉も、のちに通算114機撃墜の著名なエースとなる人物である。

↑　1943年春、東部戦線への進出を前に、占領下のポーランド、デブリン・イレナ基地に整列した、第１地上襲撃航空団第Ⅱ飛行隊のFw190F-２群。実戦場では、このような整然とした列線を作ることはほとんどなく、その意味では、戦線後方に待機中の部隊は、広報宣伝用写真撮影の、恰好のモデルであった。

↓ 地中海、北アフリカ方面への戦線拡大にともない、1940年12月以降この方面を転戦した、第26駆逐航空団第III飛行隊第7中隊のBf110D-3。根拠基地となった、シシリー島の上空を飛行中のショット。この部隊のBf110を被写体にした公式カラー写真は、本写真をふくめ、かなり多く残っている。

↑ 敵機からの視認を防ぐため、飛行場周囲の木陰に引き込まれ、伐採した枝で対空偽装された、第76駆逐航空団第II飛行隊のBf110C。1940年5月～6月にかけての、フランス侵攻作戦中のひとコマ。機首に描かれた、飛行隊の通称名“Haifish”（鮫）にちなんだマークが鮮やか。

↓　広漠とした、北アフリカのリビア砂漠上空を、Ju52/3m輸送機をエスコートしつつ飛行する、第26駆逐航空団第III飛行隊第8中隊のBf110D-3。まだ、ヨーロッパ方面向けのグレイ系迷彩塗装のままで、一面黄褐色の砂漠地帯を背景にすると、ミス・マッチである。こんなことがわかるのも、カラー写真ならではの威力。

↑　両主翼下面に、容量900ℓという大きな落下増槽を懸吊して飛行する、Bf110D-3。双発機といえども、Bf110C型までの航続距離は、零戦の半分程度しかなく、デンマーク、ノルウェー侵攻作戦を契機に、増槽装備可能にしたDシリーズが開発され、とくに地中海、北アフリカ方面において、本シリーズは重宝された。

↑ ドイツ空軍最後の、レシプロエンジン単発戦闘機Ta152H-0が、戦後、故国より遠く離れた、アメリカはオハイオ州のライト・フィールド基地で、米陸軍航空隊の手により、記録用カラー写真に収められた。胴体、主翼はあくまで細く、長く、本機には、ドイツレシプロ戦闘機設計技術が辿り着いた、〝究極の美〟みたいな雰囲気がある。

→ これも、戦後間もなく、アメリカ陸軍航空隊が調査、テスト対象機の1機として、ライト・フィールドに運び込んだ、世界最初の実用ジェット夜間戦闘機Me262B-1a/U1。国籍標識など、一部に手直しが加えられているが、機体は往時の姿をよくとどめている。本写真をじーっと眺めていると、本当にこれが第二次大戦機か？　と思ってしまうほど、先進性を感じる。

↓　Me262に続く、２番目の実用ジェット戦闘機として、空軍が大きな期待をかけたHe162A。しかし、実戦配備後、わずか１ヵ月足らずで敗戦を迎えてしまい、“フォルクス・イェーガー”（国民戦闘機）の通称名にふさわしい活躍はできずに終わった。写真の機体は、その最初の装備部隊となった、第１戦闘航空団の司令官、ヘルベルト・イーレフェルト大佐乗機。

↑　惨々な失敗に終わったMe210を、必死の努力で改設計し、どうにか実用に耐え得る機体となって、約1,000機が量産されたMe410。写真は偵察型のA-３で、一見するとモノクロ写真のようだが、これは、捕獲した米陸軍航空隊の手により、オリジナルと異なるグレイ系の塗料をリタッチされたため。背景の雲に溶け込んでしまっている。

昼間戦闘機

Tagjagdflugzeug

Bf 109 V 20

Messerschmitt Bf109

メッサーシュミット Bf109

↓　試作機の実用テスト中に勃発したスペイン内乱は、Bf109にとっては願ってもない実戦体験の舞台となり、1936年末、試作第３～５号機の３機、翌1937年２月には本国の部隊に先がけて最初の生産型B-1がスペインのドイツ義勇航空軍〝レギオン・コンドル〟（コンドル軍団）に配備され、共和政府軍側のソ連製Ｉ-15、Ｉ-16などを圧倒する活躍を演じた。写真は、その最初に配備されたBf109B-１の１機〝6-15〟号機。

↑　〝The First of the Many〟。のちに、総数約33,000機という、空前の大量生産数を記録することになるBf109の、文字どおり〝始祖〟となった原型１号機V１。機体そのものは、すでにのちの生産型とほとんど変わらない完成度をもっていたが、エンジンのみ国産のJumo210系が間に合わず、イギリスから急ぎ輸入した、ロールスロイス〝ケストレルV〟（700hp）を搭載しており、機首まわり、ラジエーターのアレンジなどがかなり異なっていた。

← 1937年初め頃、BFW社アウクスブルク工場で完成した直後、飛行場に並べられ、公式写真に収まったBf109 B-1群。全面グレイ・グリーンに塗られていた試作機、コンドル軍団配備機とは対照的に、本国部隊への配備予定機は、写真のように上側面に暗いグリーン系2色による折線分割迷彩を施しており、すでにこの頃から、ドイツ空軍は、きたるべき第二次大戦に備えていたことがわかる。

→ Bf109B-1の機首クローズ・アップ。Jumo210Dエンジン（600hp）を収めた機首は、細く引き絞まっているが、下面に大きく張り出したラジエーターが、その利点を相殺しており、複葉機と同じ木製固定ピッチ・プロペラの採用とあわせ、まだこの時点では、Bf109もエンジン出力を、100%性能に反映しているとは言い難かった。

↑↓　２葉とも、ちょっと見た目には同じような構図、被写体であるが、内容的にはかなりの違いがある。上は1937年春、BFW社アウクスブルク工場における、完成直後のBf109B-２、下はライセンス生産を担当した、フォッケウルフ社ブレーメン工場に並んだBf109D-１で、1938年の撮影である。上写真のB-２は、プロペラを金属製可変ピッチ２翅に換装した点がB-１と異なるところ。下写真のD-１は、主翼内にも7.92㎜機銃２挺を追加したCシリーズのあとをうけ、エンジンを新型DB600系（1,000hp）に更新して、大幅な性能向上を狙った型である。しかし、結局はDB600が大量生産されなかったために、B、Cシリーズと同じJumo210系に戻されてしまい、実質的に両型とほとんど変わらない内容になってしまった。

← ラジエーターの空気取入口を口に見立てて、大きな鮫口マーク（赤と白）を描いた、Ｂｆ109Ｄ-１の整備風景。第二次大戦前の、まだ緊張感がなかった当時ならではのショット。スペイン内乱に参加したＢ、Ｃ、Ｄ型が、共和政府軍側の諸外国戦闘機を圧倒し、その性能に自信を深めたドイツ空軍だが、当時、仮想敵の中心と目されたイギリスでは、ホーカー・ハリケーン、スーパーマリン・スピットファイアの両新型戦闘機が進空し、Ｂｆ109にもさらなる改良型の出現が望まれるようになった。

↓ 第二次大戦開戦が目前に迫った1939年夏、一段と激しさを増した訓練の合間、トラックに積まれたドラム缶から、手動ポンプを使って燃料補給をうける、第71戦闘航空団第Ⅰ飛行隊のＢｆ109Ｄ-１。本機の燃料タンクは、操縦席の下に備えた400ℓ入りのＬ字型タンク１個のみである。

↑↓　第二次大戦開戦劈頭のポーランド侵攻作戦が、予想以上の短期間で圧勝のうちに終わった直後の1939年11月、ドイツ本国の首都ベルリンに近い、ブランデンブルク・ブリースト基地で訓練に励む、第20戦闘航空団第Ⅰ飛行隊のBf109E-1。日本海軍の零戦がそうだったように、ドイツ空軍もBf109Eの充足状況が、第二次大戦開戦の時期決定に大きな影響を与えた。すなわち、イギリス空軍のハリケーン、スピットファイア両新型戦闘機に対抗できる、DB601Aエンジン（1,100hp）搭載のBf109Eシリーズが、各部隊にほぼ行きわたった（合計約1,100機）ところで、ポーランド侵攻作戦が開始されたのである。

↑　一見すると、民間のコマーシャル機のような、派手な塗装だが、これでもれっきとした実戦部隊のBf109E-3である。もっとも、その国籍標識からして明らかなように、本機はドイツの隣国スイスに輸出された、計80機のE-1、-3のうちの1機。第二次大戦中も中立国としての立場を崩さなかったスイスだが、ドイツ、連合国側双方の航空機による領空侵犯が相次ぎ、これらのBf109Eも、ときにはドイツ空軍機とも銃火を交えた。

←　1940年5月の、ベネルクス3国、フランスへの侵攻作戦を直前に控えた頃、対空偽装網を張った飛行場の駐機エリアに押し出される、第77戦闘航空団第Ⅰ飛行隊のBf109E-1。手前では、手あきの地上員がサッカーに興じており、戦勝が続き、全体に余裕を感じさせるスナップ。

←　板張りの駐機エリアにて、カウリング・パネルを外し、整備中のBf109E-4/N、またはE-7と警備兵を配した、いかにも宣伝中隊が好みそうなショット。DB601/Nエンジン周囲の補器、配管類が、寸分の無駄な隙間もなく、合理的にアレンジされていることがわかる。

Ｂｆ109Ｅと英本土航空決戦

野原　茂

第二次世界大戦が始まって約1年間、ドイツ空軍はポーランド、デンマーク、ノルウェー、ベネルクス３国、フランスと、敵対する空軍を圧倒的な強さでねじ伏せ、西ヨーロッパの空を支配した。

その先頭に立って奮戦したＢｆ１０９Ｅの強さもまた、世界にあまねく知れわたり、メッサーシュミット社は鼻高々であった。

しかし、自信満々のドイツ空軍とＢｆ１０９Ｅにとって、連合国最後の砦となったイギリスに対する航空侵攻作戦、すなわち１９４０年夏の戦い〝バトル・オブ・ブリテン〟（英本土航空決戦）は、初めて挫折を味わう、苦渋に満ちたものとなった。

英本土に対する航空総攻撃が始まる1ヵ月前の１９４０年7月20日現在、ドイツ空軍がこの作戦のために用意した戦力は、爆撃機１１３１機、急降下爆撃機３１６機、単発戦闘機８０９機を主とした計２６００機であった。もちろん、単発戦闘機８０９機のほとんどがＢｆ１０９Ｅである。

ドイツ空軍は、総攻撃の前に、まずハリケーン、スピットファイア計約７００機から成るイギリス空軍戦闘機軍団（ファイター・コマンド）を叩こうと考え、7月～8月上旬にかけて、ドーバー、イギリス海峡を通過する同国船舶群に対して攻撃を加えた。

そして、これを防衛しようとして海峡上空に出動してくるハリケーン、スピットファイアをＢｆ１０９Ｅが待ち構え、打撃を与えようとする算段だった。

ドイツ空軍の情報部は、ハリケーン、スピットファイアの飛行性能は、Ｂｆ１０９Ｅより低いと分析していて、作戦は狙いどおりに進行するだろうと楽観視していた。

しかし、これは重大な誤りで、ハリケーンはたしかに速度、上昇力などがＢｆ１０９Ｅに劣ったものの、スピットファイア（Mk.Ⅰ）は速度がＢｆ１０９Ｅよりやや速く、加速、急降下性能ではやや劣るものの、旋回能力はかなり優れていて、小口径ながら7.7㎜機銃8挺（！）という集中火力とあわせると、総合的には互角、もしくはそれ以上の性能であった。

したがって、空中戦の勝敗は、開始時の互いの位置関係、パイロットの優劣、機数の違いなど、他のファクターによって左右される場合が多かった。

いずれにせよ、イギリス戦闘機軍団は、ドイツ空軍が考えていたより、はるかに手強い相手であった。

その結果、8月の第2週までの戦闘で、ドイツ空軍は海峡上空でＢｆ１０９Ｅ１０５機を含む計２８６機を失った。これに対し、イギリス側は１４８機を失い、そのうちの約１００機が戦闘機であった。ドイツ空軍の楽観論はケシ飛んだ。

しかし、前哨戦ともいえる海峡上空での損失補充、戦術分析も充分になされぬまま、ドイツ空軍は8月13日、ついに航空総攻撃を開始し、1日に延べ２０００機にもなんなんとするドイツ戦、爆連合編隊と、これを迎えうつ７００機のイギリス戦闘機軍団との間に、史上かつてない大航空戦が展開された。

Ｂｆ１０９Ｅ部隊は、爆撃機を護

編隊飛行するBf 109 E-1。

戦闘爆撃機型Bf 109 E-1/B。

衛しつつイギリス上空に侵攻したのだが、ハリケーン、スピットファイアとの空中戦以外に、本機にとっては重大な問題が表面化した。

それは、わずか４００ℓの燃料しか積めない本機にとっては、あらかじめ予想されたことであるが、海峡沿岸に近い基地から発進しても、イギリス本土上空に滞空できる時間は、わずか10～20分にすぎず、常に燃料残量警告灯の赤ランプ点灯を気にしながら行動せねばならなかった。

しかも、ドイツ側はまったく無関心だったが、イギリスにはこのとき、レーダーと戦闘機軍団をリンクした、早期警戒、および管制システムが完成していて、ドイツ機の侵入を正確にとらえ、迎撃機を効果的に配置できたことが大きな力になった。

それでも、Ｂｆ１０９Ｅとパイロットは、全力で任務を全うしようと奮戦し、８月下旬から９月はじめにかけて、イギリス戦闘機軍団に標的を集中した攻撃では、かなりの戦果をあげて、同軍団を崩壊寸前まで追い詰めた。

すなわち、８月24日以降、２週間の戦いで、Ｂｆ１０９Ｅは１４６機を失ったが、イギリス戦闘機軍団は、これをはるかに上まわる２０８機のハリケーン、スピットファイアを失い、熟練パイロットも１００数十名が戦死、ハード、ソフト両面において、戦力維持が困難になる危機的状況に陥った。

ところが、ドイツ空軍は９月７日を期して攻撃目標を首都ロンドン市街地に変更し、みずからその勝機を放棄してしまったのである。

なぜ、こんな事態になったか？　それは、ヒトラー総統のいつもの気まぐれと、みずからの空軍の能力を把握できない無能な空軍司令官ヘルマン・ゲーリングのなせる技であった。イギリス空軍爆撃機による首都ベルリン爆撃にたいする報復、それがヒトラーのロンドン攻撃命令の理由であり、戦略的に意味のない命令に反論もできず、ただ盲目的にそれを伝えるだけのゲーリング、これでは作戦の勝算など立つはずがなかった。

結局、ドイツ側がロンドン攻撃に転換したことで、イギリス戦闘機軍団は崩壊の危機を脱し、１週間のあいだに戦力をかなり回復、９月７日から15日までの間に、ドイツ機３２１機を撃墜、これに対し、損害は１７４機と、戦果対損失の割合いがかなり好転した。

とくに、９月15日にはドイツ爆撃機はイギリス戦闘機のぶ厚い防御態勢に行く手をはばまれ、ロンドン上空にも到達できずに逃走する機が続出、結局、この日はＢｆ１０９Ｅ32機を含めて計56機の損害を出し、以後、大規模な昼間侵攻作戦は行なわなかった。

損害の多い双発爆撃機は、その後は少数機ずつの夜間爆撃に戦術転換し、Ｂｆ１０９Ｅ部隊も10月に入ると爆弾を懸吊した〝ヤーボ〟（戦闘爆撃機）を出撃させたりしたが、もはや誰の目にも、英本土航空決戦がドイツ空軍の敗北で、終息に向かいつつあることがわかった。

第二次大戦開戦以来、向かうところ敵なしの感があったドイツ空軍とＢｆ１０９Ｅが、はじめて味わう挫折であった。

ただ、Ｂｆ１０９Ｅとそのパイロットにとって誇りとすべき点は、トータルでみて、ハリケーン、スピットファイアに対しての戦果、損失率では勝っていたこと。これは、とりもなおさず、Ｂｆ１０９Ｅの性能とパイロットの技倆が、当時疑いなく、世界でもトップの実力を持っていたことの証明である。

英本土航空決戦以後、戦争はさらに拡大し、ドイツ空軍とＢｆ１０９Ｅはもっと激しく、かつ困難な作戦にも参加したが、１日に１０００機もの大編隊が、ごく限定された目標に集中して投入されるような場面は巡ってこなかった。

その意味においては、Ｂｆ１０９Ｅの生涯を通しても、英本土航空決戦はハイライトであったというべきであろう。

→　1940年夏の英本土航空決戦が終わった時点で、Bf109Eの“旬の時期”も過ぎたが、新型Fシリーズの就役が本格化した1941年以降も、なお一部の戦闘航空団では重要な戦力であり続けた。熱砂の北アフリカに進出した、第27戦闘航空団第Ⅰ飛行隊も、そのBf109E装備部隊のひとつで、1941年4月、シシリー島を経由して、リビアの砂漠に進出した。写真は、その頃の基地風景。これらの機体は、過給器空気取入口に、防塵フィルターを追加するなどした。熱帯地専用型のE-7/Tropである。

→　整備完了し、地上員に見送られながら、砂漠基地を発進する直前の、第27戦闘航空団第Ⅰ飛行隊のBf109E－7／Trop。短パン1枚の地上員の姿からも、アフリカの猛暑が伝わってくる。

→　中写真と連続するカットで、離陸滑走するBf109E－7/Trop、“黄の6”号機。胴体後部の白帯は、地中海、北アフリカ方面展開部隊を示す識別標識である。

このページ３枚は、前ページと同じ第27戦闘航空団第Ⅰ飛行隊所属のBf109E-7/Tropの、北アフリカ砂漠基地における、主脚揚降テストを、連続写真に収めたもの。付根を支点に、外側に引き上げて収納する、独特の方法がよくわかる。Bf109Eといえば、この不安定な主脚配置に起因する、離着陸時の事故の多さが、終始“負の遺産”として語られるが、これを改めるということは、本機の設計ポリシーを根本から覆すということであり、メッサーシュミットにとって、いかに非難されようとも、これだけは譲れなかったのだろう。結局は最後まで押し通した。

↑　原設計着手から４年近く経った1938年はじめ、BFW社は、ダイムラーベンツ社がDB601Eエンジン（1,350hp）の実用化を進めていることを知ると、同エンジンを搭載し、E型までの機体設計を根本的に刷新し、性能を格段に向上させる新型Fシリーズを計画、1940年晩春に、その実質的な原型機Bf109V23、V24の２機を完成させた。そして、７月には早くも最初の生産型Bf109F-１の量産を開始する。写真は、そのF-１の１機で、Eシリーズまでと一変した機首まわり、主翼がよくわかる。

↓　メッサーシュミット社（1938年７月に旧BFW社から改称）アウクスブルク工場からほど近い、アルプス山系の山肌をかすめて飛行するBf109F-１。

→　1941年～42年にかけての冬、凍てつくロシア領内基地にて、束の間の晴天下、出撃準備に追われる地上員と、Bf109F－2。手前の地上員が手にしているのは、プロペラ軸内を通して発射する、MGFF/M20㎜機関砲の弾帯。カウリング・パネルの合理的な開閉要領に注目。

↓　こちらは、1941年春、フランス領内基地に展開した、第51戦闘航空団第II飛行隊第5中隊所属の、Bf109F－2の機体前半部クローズ・アップ。F－1、およびF－2型は、当初に予定したDB601Eエンジンの供給が間に合わず、Eシリーズ後期と同じ、DB601Nを搭載するハメとなったが、機体再設計が効いて、飛行性能はかなり向上、新型スピットファイアMk.Ⅴに対しても、充分対抗できた。

↑　英本土航空決戦において、メルダース少佐、ヴィック少佐とともに、激しいトップ・エース争いを演じ、一躍国民的英雄となった、アドルフ・ガーランド少佐が、1941年12月、第26戦闘航空団司令官から、空軍戦闘機隊総監職に栄転する頃に、乗機としていたBf109F-6/U。胴体に記入された航空団司令官標識、方向舵に描かれたデコレーション、および合計94機撃墜を示すスコア・マークが華やか。

↓　Eシリーズで試みられた“ヤーボ”、すなわち戦闘爆撃機への転用は、Fシリーズでも行なわれ、専用サブ・タイプとして生産されたのが、写真のF-4/B。この機体は、イギリス海峡方面で船舶攻撃に活躍した、戦闘爆撃専門中隊、第2戦闘航空団第10中隊の指揮官、フランク・リーゼンダール中尉乗機。方向舵に6隻の撃沈破を示す、スコア・マークが記入されている。

ドイツ空軍戦闘機隊の基本編成

野原　茂

現代の各国空軍でも採用している、戦闘機の、2機を最小基本ペアとする、2組4機の編隊、いわゆる〝フィンガー・フォー〟（手を広げたときの、親指を除く4本指の先端位置になぞらえた呼称）は、かつてスペイン内乱において、ドイツ戦闘機隊、具体的に言えば、トップ・エースとして君臨した、ヴェルナー・メルダース中尉によって考案されたものである。

そして、このフィンガー・フォー編隊は、第二次世界大戦において、ドイツ空軍戦闘機隊の大きな武器となり、膨大な戦果をあげる原動力になった。

その後、大戦中期以降は連合軍側でもこれを採用、逆にドイツ空軍を圧倒することになる。

ドイツ空軍戦闘機隊は、この最小2機ペアを〝Rotte〟（ロッテ）、ペア2組4機を〝Schwalm〟（シュヴァルム）と呼んでおり、Schwalm 3組によって中隊〝Staffel〟（シュタッフェル）を構成した。

このstaffelが、建制上の最小戦術単位となるわけで、単発戦闘機隊の場合は、通常、中尉が指揮官となった。中隊はアラビア数字で表記され、後述する航空団の各飛行隊に第1～9までが割りふられた。第1中隊なら1 staffelと表記する。

staffelを3組あわせた組織が飛行隊〝Gruppe〟（グルッペ）で、通常は大尉、もしくは少佐クラスが指揮官となり、自身と副官、戦技担当将校などをあわせた飛行隊本部〝Gruppen stab〟（グルッペン・シュタプ）をもち、3～4機ほどの機体を保有して、麾下中隊を統卒した。飛行隊はローマ数字で表記し、例えば第三飛行隊なら〝Ⅲ Gruppe〟となる。

そして、このGruppeを3組あわせたものが航空団〝Geschwader〟（ゲシュヴァーダー）であり、戦闘機だけではなく、駆逐機、爆撃機、急降下爆撃機、地上襲撃機、輸送機の各機種装備部隊についても、最大の戦術単位であった。

もっとも、常に航空団が全体としてひとつの戦域に展開して行動するというわけではなく、通常は飛行隊単位で、後述する各航空軍の指揮下に入って行動する場合が多かった。

航空団の指揮官は少佐、もしくは中佐、大佐が任命され、飛行隊本部と同様に、副官、戦技将校などを擁する航空団本部をもち、やはり3～4機の機体を保有して麾下飛行隊を統卒した。

戦闘航空団は〝Jagdgeschwader〟（ヤークト・ゲシュヴァーダー）と称し、第1から第400までの各航空団が編成されたが、もちろん、全部通しての番号を配すほどの数があったわけではなく、後述する各航空艦隊ごとに一定に割りふった番号を付与された。主要な戦闘航空団は、1、2、3、4、5、6、7、11、26、27、51、52、53、54、77、300、301、302、400の19個である。航空団名称も中隊と同じくアラビア数字で表記し、例えば第2戦闘航空団なら〝Jagd Geschwader 2〟とする。

こうした、戦闘、爆撃、地上襲撃などの単一機種ごとの航空団をいくつか集めたのが航空軍〝Fliegerkorps〟（フリーガーコーズ）であり、実際に飛行機を運用する組織としては最大の単位である。それぞれの航空軍はローマ数字で表記され、例えば、第8航空軍ならFliegerkorps Ⅷとなる。

航空軍の規模は一定しておらず、戦域、作戦ごとに流動的であったが、おおよそ、300機～700機を擁した。

この航空軍を統轄する上部組織が航空艦隊〝Luftflotten〟（ルフトフロッテン）で、第二次大戦開戦時は、ドイツ国内を4つに区分し、それぞれ第1～4航空艦隊が配置されていた。

戦線の拡大とともに、それぞれの担当区域も拡大され、新たに第5、6、さらに大戦末期には本土防衛を担当する本国航空艦隊が組織された。

航空艦隊は、航空軍の他に、地上管理組織を束ねた航空大管区〝Luftgau〟（ルフトガウ）、通信、対空砲部隊なども指揮下に置いた。アラビア数字で表記され、例えば第2航空艦隊なら〝Luftflotte 2〟となる。

これ以上の上部指揮系統は本コラムの説明目的外であるが、念のために触れておくと、航空艦隊の上は空軍総司令部〝OKL〟（司令官は国家元帥兼務のヘルマン・ゲーリング）、その上が国防軍総司令部〝OKW〟、そしてその上の最高指導者が、総統アドルフ・ヒトラーであった。

↖［上］ 1941年末、東部戦線から地中海のシシリー島に移動し、1943年11月までの約２年近くをこの方面で戦った、第53戦闘航空団第II飛行隊第５中隊Bf109G-２。右奥はJu52/３m輸送機。G-１の与圧式キャビンを除去した中、低高度型のG-2は、1943年２月までに合計1，586機も生産され、各Bf109装備部隊の主力型となった。

←［下］ 愛機Bf109G-６の傍らで、撃墜したアメリカ陸軍航空隊の、B-17の座席クッションを背に、PKカメラマンの要求に応じてポーズをとった、第50戦闘飛行隊第２中隊の、ゴットフリート・ヴァイロスター少尉。1943年９月上旬、ドイツ本国のヴィースバーデン・エルベンハイム基地での撮影で、この時点で彼は、四発重爆４機撃墜のスコアを記録していた。

↑ 1942年春、メッサーシュミット社レーゲンスブルク工場に隣接する飛行場に並んだ、Bf109G-１群。新型DB605エンジン（1,475hp）に換装し、武装、防弾などを強化するとともに、Fシリーズよりさらなる性能向上を狙って開発されたのがGシリーズであった。その最初の生産型G-１は、与圧キャビン装備の高々度戦闘機となったが、わずか167機の限定生産に終わった。

↓ ロシア領内の前線基地から出撃する、第54戦闘航空団第III飛行隊第７中隊所属のBf109G-２（右）、およびF-４/R６。JG54は、〝グリーン・ハート航空団〟の通称名で呼ばれた、東部戦線を代表する精鋭部隊で、主に北部戦域を転戦し、ノヴォトニー（250機）、キッテル（267機）、フィリップ（200機）など、キラ星のごときスーパー・エースを何人も輩出した。

U. S. AIR
CORPS

北アフリカ展開ドイツ戦闘機隊の雄として君臨したJG27も、この頃は連合軍側の攻勢に押されて、地中海東部のクレタ島、ギリシャ方面に移動していた。

1943年12月１日、He111H双発爆撃機をエスコートしつつ、エーゲ海上空を飛行する、第27戦闘航空団第III飛行隊第７中隊所属Bf109G-６/Tropの“シュヴァルム”（１機は画面外）。PK（宣伝中隊）のプロ・カメラマンならではの構図、アングルで、当時の日本からすれば、まったく羨ましいような傑作写真だ。1941年春以来、

→↓　〝敵戦爆連合編隊来襲〟の報をうけ、迎撃のためフランス領内のリル基地から出動する、第26戦闘航空団第Ⅲ飛行隊第９中隊のＢf109G-６を、正面、および左前上方から望遠レンズを使って撮影した、迫力溢れるスナップ。本来、液冷エンジン搭載の本機は、細い胴体が特徴だが、望遠レンズの〝魔力〟により、前後方向に著しく圧縮され、通常写真とはまた別のイメージである。G-６の標準武装は、機首上部に13㎜機銃２挺、プロペラ軸内に20㎜機関砲１門だが、本土防空部隊配備機の多くは、後者をMK108 30㎜機関砲に換装した〝U４〟仕様にしており、写真の機体もその可能性が大。下写真の〝白の17〟号機は第９中隊長ハンス・ゲオルク・ディッペル大尉乗機であるが、彼はこの写真撮影からおよそ１ヵ月後の1944年５月８日に戦死してしまう。

←　ドイツの敗戦が目前に迫った1945年４月17日、アドリア海をはさんだ対岸のクロアチアから、イタリアのファルコアナ基地に投降してきた、同国空軍のＢf109G-10。G-10は、量産に入ったＧシリーズ最後の生産型で、新型DB605DCMエンジン（2,000hp）を搭載し、高度7,500mにて最高速度690km/hの高速を出した。連合軍側のP-47、P-51、グリフォン・スピットファイア、ソ連軍のYak-９、LaG-５などの新型戦闘機に対抗できる性能だったが、いかんせん登場が遅きに失し、めぼしい実績をあげられぬまま敗戦を迎えた。クロアチア空軍の他に、ハンガリー、チェコスロバキアの各同盟国空軍にも供与された。

↓ 〝ドイツ空軍の最後〟というタイトルがぴったりの光景で、敗戦直後の1945年５～６月、ドイツ南部のオーストリア国境に近い、バート・アイブリンク基地に集められ、連合軍による処分を待つ各種機体。手前中央と右奥は、Bf109最後の量産型K-４。1945年に入ってからは、ドイツのレシプロエンジン機用燃料はほとんど枯渇しかけており、機体だけいくら量産しても、実際には飛ばすことができなくなっていた。日本と同様、ドイツもまた最後は戦略資源の欠乏により、航空戦力は敗戦を待たずに内部崩壊していた。

ハインケル He112

Heinkel He112

↑ 1934年度の次期新型戦闘機競争試作において、Bf109を相手に最後まで争った末に敗れ、不採用に終わったHe112の試作１号機。Bf109と同じく、イギリスから輸入したロールスロイス〝ケストレルV〟液冷V型12気筒エンジン（700hp）を搭載しているが、機体はまったく対照的な、曲線を多用した優美な外形でまとめられている。性能は、運動性などでBf109を上まわっており、当初は本機が採用されそうな雰囲気があった。

↓ Bf109とともに、1937年７月下旬にスイスのチューリヒで開催された、国際航空競技会に参加したHe112の生産前型Ａ－０の３号機。エンジンは国産のJumo210Da（680hp）を搭載し、主翼はスパンをかなり短かくするなど、上写真の試作1号機に比べ、内容、外観ともに大きく変化している。

← Bf109の採用が決定したあとも、ハインケル社がなおあきらめずに、機体を全面的に再設計して送り出した、試作第10号機He112V10。エンジンはダイムラーベンツDB601Aa（1,175hp）に換装され、機首まわり、主翼なども、6号機以前の試作機とは一変している。最高速度は、当時のBf109B、C、Dを大きく凌ぐ570km/hに達した。

→ He112の最後の試作機V12。輸出向けの生産型Bシリーズのプロトタイプで、Jumo210Gaエンジン（700hp）を搭載し、上写真のV10と比較しても、機首まわり、主翼がかなり異なっていることがわかる。

↓ 日本海軍が購入するはずだった、合計30機のHe112B-0のうち、第2ロットの18機は急拠ドイツ空軍に徴用された。1938年夏、いわゆるズデーテン危機が生じたためである。写真は、オスヒャズ基地に並んだ、第132戦闘航空団第Ⅳ飛行隊のHe112B-0。しかし、これらの機体もズデーテン危機の解消とともに、再び輸出用にまわされ、1938年11月、スペイン空軍に売却された。

ハインケル He100

← 〔左2枚〕 ハインケル社の意気込みどおり、He100の性能は、現用のBf109Dをはるかに凌駕し、実用性も良好、今度こそハインケルは正式採用を確信した。しかし、第二次大戦が迫っていたため、２機種の戦闘機を量産、運用する余裕がドイツ空軍にないことと、何よりもハインケル社主エルンスト・ハインケル博士がナチス嫌いという別の要因も絡み、He100はついに採用されなかった。写真は、ハインケル社自らが、工場防空のために配備した生産型D-１で、ナチス宣伝省の命令により、架空の部隊マークを描き、さも実戦配備機のように装って、対外プロパガンダ用のモデルとなったもの。

↑ He112が不採用となったことを、“大いなる不満”と感じたハインケル社が、有無を言わせず、設計、性能両面でBf109を完全に圧倒できる戦闘機を作ってみせる、との意気込みで自主開発した機体がHe100である。名称がHe112より逆戻りしているのは、きりのよい番号で、空軍に強くアピールしようという、ハインケル社の魂胆だった。写真は1938年８月に完成した、試作第３号機Ｖ３。DB601Aエンジン（1,100hp）を搭載した、非常に引き絞まった機体である。この３号機は、主翼を短かく切り詰め、速度記録樹立に挑戦する予定になっていたが、その前に惜しくも墜落して失われてしまった。

→ 墜落した３号機にかわって、速度記録樹立用につくられた試作８号機Ｖ８。本機は、1939年３月30日、見事746.606㎞/hを出して、世界陸上機絶対速度記録を樹立するが、わずか１ヵ月後にライバルのメッサーシュミット社Me209V１によって破られてしまう。

12
9

外国に輸出されたドイツ戦闘機

野原　茂

ドイツ空軍が再建されたのは１９３５年３月、それからわずか４年半ののちには、ヒトラーが第二次世界大戦を引き起こしたために、その戦力を充分に蓄える時間はなかったというのが実情である。

したがって、戦闘機にしろ爆撃機にしろ、１機でも多く生産し、保有するというのが空軍の至上命題だった。しかし、こうした厳しい事情があったにもかかわらず、ヒトラーとナチス政府は、大戦前から戦中にかけて、同盟国を中心に、少なからぬ数の制式軍用機を輸出した。

これは、日本と同様、石油や鉄鉱石、ボーキサイト、ゴムなど、軍事工業に欠かせない戦略物資の多くを、外国からの輸入に頼らなければならなかったため、その購入資金となる外貨が必要だったことが大きな理由である。

また、こうした国内事情とは別に、大戦中は、戦線維持のために、同盟国空軍の戦力を強化する必要があったこと、中立の立場にある国に対しては、連合国側につかぬように、保障がわりに新型機を供与して、枢軸側の不利にならぬようにする、政治的かけひきの道具にした場合などもあった。

戦闘機に限ってみた場合、ドイツが最初の輸出国に選んだのは、隣国スイスであった。永世中立を謳う同国は、フランスからＭＳ-４０６などの旧式機を購入していたが、ヨーロッパに戦雲が漂いはじめた１９３８年には、もっと高性能の戦闘機が必要と判断し、ドイツと交渉し、主力機のＢｆ１０９を買い付けることに成功した。

１９３８年12月、まずＢｆ１０９Ｄ-１10機が引渡され、つづいて翌年４月には、最新型のＢｆ１０９Ｅ-１、およびＥ-３80機が引渡され、これらは６個中隊に配備し、スイス空軍の主力戦闘機となった。

大戦中、連合軍、ドイツ空軍機の双方が、しばしばスイス領空内に迷い込み、あるいは不時着しようとして、これらＢｆ１０９の迎撃をうけ、ときには好戦的挙動をとるドイツ空軍機と空中戦も演じられた。

スイス空軍は、大戦末期の１９４４年５月、不時着したレーダー完備のＢｆ１１０Ｇ-４の返還を交換条件に、ドイツ空軍からさらに新しいＢｆ１０９Ｇ-６12機を入手することに成功し、戦後の１９４９年まで、第一線機として使用した。

スイスに続いて、２番目のＢｆ１０９カストマーになったのは、スペイン空軍である。

１９３９年に同国の内乱が終息すると、ドイツはそれまで義勇軍のコンドル軍団が保有していたＢｆ１０９Ｅを、そのまま新生スペイン空軍に売却した。

大戦中は、スペイン政府との間にＢｆ１０９Ｇのライセンス生産契約も結び、まず、ノックダウン方式による生産講習用に、Ｇ-２に相当する機体をＢｆ１０９Ｊの名称で25機輸出したが、戦況が悪化してしまったため、ＤＢ６０５エンジンは送られずじまいになった。

これらの機体に、戦後スペインのイスパノ航空機会社が、イギリスから輸入したロールスロイス〝マーリン〟５００-45を搭載して完成させたのが、ＨＡ-１１１２である。本機は、その後スペイン空軍にて実に１９６７年まで現役にあり、引退後はドイツ、アメリカなどのコレクターに売却され、映画にもＢｆ１０９役で何度も〝出演〟するなど、世界中の航空ファンの間に広く知られることになった。

大戦中、ドイツに併合、または占領され、枢軸軍の一員に組み込まれて戦争に参加した、東欧諸国のブルガリア、スロバキア、ハンガリー、クロアチア、ルーマニアの空軍にもＢｆ１０９が供与されたほか、同盟国イタリア、ソ連と対峙したフィンランドにも供与された。

変わったところでは、中東のトルコに対し、連合国側につかぬよう、新鋭機Ｆｗ１９０Ａａ-３が72機供与され、同じような理由で、イギリスが供与したスピットファイア、ハリケーン両戦闘機とともに、仲良く編隊飛行するシーンもみられた。

トルコと同じ事情で、ドイツはイラクにもＢｆ１１０とＨｅ１１１爆撃機を供与したが、こちらは極く少数だった。

ドイツと同盟関係にあった日本は、陸軍を中心に、同国からきわめて多くの機体を購入したが、これらは実用機として配備するのではなく、新型機設計の技術参考にするためであった点が、前記ヨーロッパ諸国とは根本的に異なる。

したがって、機種は多いが、機数は少なく、戦闘機では、Ｈｅ１１２の12機は例外として、Ｂｆ１０９Ｅ-７が２機、Ｆｗ１９０Ａ-５が１機、Ｍｅ２１０が１機にとどまった。

← 本家ドイツ空軍以外で、最初のBf109カストマーになった、スイス空軍のBf109E－3 "J-313" 号機。

← 政治的な理由により、中東のトルコに売却された、Fw190Aa－3。

↓ 日本陸軍が、技術参考資料として1機購入したMe210A－1。

Messerschmitt Bf110

メッサーシュミット Bf110

↑　単発戦闘機を凌ぐ高速と重武装、それに大きな航続距離をもち、爆撃機を掩護しつつ敵地に深く進攻できる万能の双発戦闘機、こんな“夢のような”理想を追求して、ドイツ空軍が開発を決定したのが“Zerstörer”(ツェルシュテラー)、すなわち駆逐機であった。写真は、各社機をおさえて制式採用を勝ち取った、メッサーシュミット社の応募機Bf110の試作1号機V1。1936年5月12日に初飛行した。エンジンはDB600で、機体細部の多くが、のちの生産型とはかなり異なっている。

→　実質的に最初の量産型となった、Bf110Cシリーズの操縦室付近を、左上方より見る。機体設計の基本ポリシーはBf109と同じであり、パイロットと比較してもわかるように、胴体はきわめて細く、機体全体も、双発機としては小さくまとめられている。

↑　ダイムラーベンツDB601Aエンジン（1,100hp）の、シンクロナイズした轟音を響かせながら、滑走スタート地点に向けてタキシングしてゆく、第２駆逐航空団第Ⅰ飛行隊のBf110C。1940年５月、フランス侵攻作戦中のひとコマだが、Ⅰ./ZG２は第二次大戦開戦時点においては、Bf110Cの生産が間に合わず、Bf109D-１を装備しており、本来のBf110Cの配備が始まったのは、1940年に入ってからであった。

↓　これも、対フランス侵攻作戦中のスナップで、次の出撃に備え、機首のMG17 7.92㎜機銃４挺の装塡エネルギーとなる、圧搾空気の補給をうける、第26駆逐航空団第Ⅱ飛行隊第５中隊のBf110C。敵対したフランス空軍単発戦闘機の抵抗が弱かったこともあって、Bf110Cは空軍の期待に応える働きをみせたが、それから２ヵ月のちには、本機は現実の厳しさをいやというほど思い知らされることになる。

↑↓　機首に、大胆な鮫口（シャーク・マウス）を描き、"Haifish Gruppe"（鮫飛行隊）の通称名で呼ばれた、第76駆逐航空団第Ⅱ飛行隊のBf110C。確かに、機首に集中して装備した、7.92㎜機銃4挺、20㎜機関砲２門の重武装は、第二次大戦初期の単発戦闘機ではとても不可能であり、双発重戦の面目躍如たる部分ではあった。２枚の写真のⅡ./ZG76機は、フランス侵攻作戦においては、第３航空艦隊に属し、ルクセンブルク、およびベルギー南部を通過してフランス領内に侵攻した。

← フランス上空を編隊飛行する、第52駆逐航空団第Ⅰ飛行隊のBf110C。駆逐航空団の編成も、基本的には単発戦闘機の航空団と同じで、1個中隊12機、3個中隊で1個飛行隊、3個飛行隊で1個航空団であるが、写真のZG52は変則的に第Ⅰ飛行隊しか持たず、フランス戦中の1940年6月6日に、Ⅱ./ZG 2に改編される。

↓ 出動に備え、エンジン試運転を行なう、第14長距離偵察飛行隊第4中隊所属のBf110C-5。C-5は、標準の駆逐機型の20㎜機関砲を撤去し、その空いたスペースに、大型カメラ1台を装備した偵察機型である。一応、7.92㎜機銃4挺は残しているが、敵単発戦闘機に対しては、空中戦での勝算はほとんどなかった。

きく重い双発戦闘機は、どう逆立ちしようと、空中戦の際の機動力、すなわち運動性において抗すべくもないという、明快な“物理の法則”のまえに屈したのだった。夢を追うあまり、基本を忘れた当然の帰結であった。写真のⅠ./ZG52も、Ⅱ./ZG２に改編されたのち、英本土航空決戦に参加したが、大きな損害を出し、９月末には部隊解散に追い込まれた。

1940年初夏、朝モヤをついてフランス領内基地から出撃する、第52駆逐航空団第Ｉ飛行隊のBf110C群。全体に力強さがみなぎるようなシーンだが、ほどなく開始された、英本土航空決戦はBf110にとって最悪の結果をもたらすことになった。すなわち、高速、重武装をもって英空軍のハリケーン、スピットファイア両戦闘機を圧倒するはずだったのが、逆にバタバタと撃墜され、駆逐機構想は敢えなく挫折してしまう。単発戦闘機に対し、大

→　胴体下面に、容量1,200ℓ（！）という、巨大な増設燃料タンクを付けて飛行する、航続距離延伸型Bf110D-1/R1。1940年4月のデンマーク、ノルウェー侵攻作戦において、Bf110Cの航続距離が不足したことが、このDシリーズ開発のきっかけであった。しかし、写真の増設タンクは、みるからに空気抵抗が大きく、性能低下も甚だしかったことから、短期間で使用中止となった。その形状から、“Dackelbauch”（ダックスフントの腹）と揶揄された。

←〔上〕　武運つたなく、北アフリカのリビア砂漠基地において、英軍に捕獲されたBf110E-2。機首武装などが撤去されているが、Eシリーズのポイントである、胴体下面の大型爆弾ラックやナセル形状が鮮明に写し出されており、きわめて資料性の高い一葉である。

←〔下〕　こちらは、北アフリカの砂漠基地から出動する、第14近距離偵察飛行隊第2中隊所属のBf110E-3/Trop。E-3は、胴体内にRb50/30大型カメラ1台を備えた偵察機型で、Tropとは熱帯地向け専用装備を施したタイプを示す。写真でも、大型化したナセル下面の潤滑油冷却空気取入口、主翼前縁の防塵フィルター付き過給器空気取入口など、上写真の通常型と異なる点がよくわかる。

↓　山頂付近に冠雪したエトナ山（画面遠方）を望む、地中海はシシリー島のゲルビニ基地と思われる飛行場に進出した、第26駆逐航空団第Ⅲ飛行隊第7中隊所属のBf110D-3、コード“3U+KR”。不評をかこった“Dackelbauch”にかわり、両主翼下面に容量900ℓの、大型落下増槽を採用したのがD-3の特徴。この増槽により、D-3の航続距離は、Cシリーズに比べ2倍近くも延伸した。

BERLIN

↑　部隊の通称名“Wespen《ヴエスペン》 Geschwader《ゲシユヴアーダー》”（スズメバチ航空団）にちなみ、機首に特大のスズメバチのマーキングを描かれる、第1駆逐航空団所属のBf110F-1。Fシリーズは、Bf109Fと同様に、エンジンをDB601F（1,350hp）に換装し、全般性能向上をはかった型で、サブ・タイプに、戦闘爆撃機型F-1、駆逐機型F-2、偵察型F-3、夜間戦闘機型F-4があった。Eシリーズまでとの外観上の主な違いは、エンジンナセルが再設計されたこと、プロペラ・スピナーにMe210のそれを流用したことである。

↓　1943年の初め頃、イタリアのベスビオ火山付近上空を飛行する、第1駆逐航空団第III飛行隊のBf110G-2/Trop。Bf110は、本来はFシリーズで生産終了になる予定だった。ところが、後継機Me210が失敗したため、急ぎDB605エンジン（1,475hp）を搭載した、Gシリーズが開発されたといういきさつがある。

〝敗者復活〟？再編成された駆逐航空団

野原　茂

英本土航空決戦における惨敗で、駆逐機として〝夢〟を絶たれたＢｆ１１０であったが、幸い、地中海、北アフリカ、スカンジナビア、ソ連などに戦線が拡大したため、これら敵単発戦闘機の脅威が少ない地域では、本機の多用途性が大いに生き、それなりに実績を残すことができた。

そして、１９４３年夏、在英米陸軍航空隊の四発重爆撃機による、ドイツ本土空襲が激化するに及び、空軍はＢｆ１１０の重武装が、これらの爆撃機相手の迎撃戦に有効ではないかと考え、同年8月、10月に、相次いで第76、および26駆逐航空団を再編成した。

両部隊が装備したＢｆ１１０は、20㎜、30㎜、50㎜の各機関砲のいずれかを増備し、さらにＷ．Ｇｒ42空対空ロケット弾も懸吊可能にしたＧ－2型で、のちには後継機Ｍｅ４１０も併用した。

空軍の狙いどおり、護衛戦闘機を伴わない敵爆撃機は、Ｂｆ１１０Ｇ－2の恰好の標的となり、ＺＧ26、76両部隊は、１９４３年末まで、防空戦においてかなりの戦果を収めることができた。

しかし、１９４４年に入り、米陸軍航空隊の傑作戦闘機Ｐ－51〝マスタング〟が、爆撃機の全行程に随伴してドイツ本土奥深くまで侵入できるようになると、ＺＧ26、76のＢｆ１１０Ｇに被害が続出し、再びその活動を封じ込められてしまった。

とくに、１９４４年3月16日の迎撃戦では、ＺＧ76は計43機を出動させたが、実にそのうちの26機が撃墜され、他に10機が不時着するという大損害を蒙り、1日にして戦力の大半を失う有様だった。

そのため、１９４４年5月以降は両部隊の大半が、Ｐ－51の行動圏外のチェコスロバキア、オーストリア方面に後退し、事実上、迎撃戦力としての価値を失った。

そして、ＺＧ26は１９４４年8月にＦｗ１９０に、ＺＧ76は7月～11月にかけてＢｆ１０９とＦｗ１９０にそれぞれ機種改変し、ＪＧ６、ＪＧ76と改称して単発戦闘機隊になった。

↑　左主翼下面に懸吊した発射筒に、W.Gr42 21㎝口径の空対空ロケット弾を装塡する、7./ZG26（2代目）所属のBf110G-2。

←〔左２枚〕 この２枚も、ドイツ本土防空の任にあたったBf110G-２で、上は第76、下は第26駆逐航空団所属機。P.45に記したように、それぞれ1943年８月、10月に再編成された、対爆撃機迎撃専任の駆逐機部隊である。しかし、その実質的活動期間はほんの数カ月にすぎなかった。

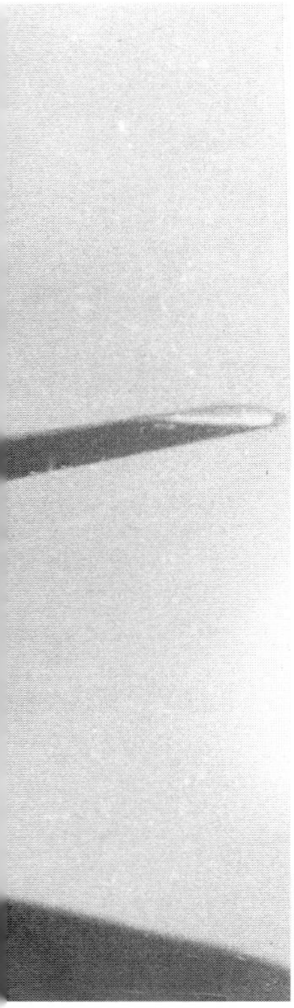

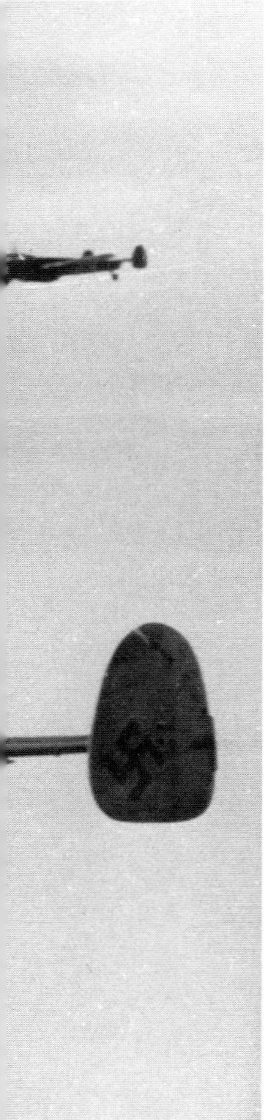

↓〔下２枚〕 1943年末〜44年はじめにかけての厳冬期、雪に覆われたオーストリア上空を、哨戒飛行する、第１駆逐航空団第II飛行隊所属のBf110G-２。各機は、いずれも両翼下面に300ℓ入り増槽、W.Gr42空対空ロケット弾を、胴体下面には20㎜機関砲２門をペアにした、ガン・パックを装備した、典型的な対爆撃機仕様である。この頃、ドイツは地中海方面に展開する米陸軍航空隊四発重爆撃機隊の空襲にも晒されるようになっており、この２枚の写真のII./ZG１所属機も、それらの迎撃に備えていた。

KM

Focke-Wulf Fw190

フォッケウルフ Fw190

↑　現用主力戦闘機Bf109の量産態勢に、万が一非常事態が発生したとき、その穴埋めができる戦闘機をという、いわば“保険機”として誕生したのがFw190であった。したがって、Bf109が搭載するDB601系液冷エンジンの使用は認められず、ヨーロッパの戦闘機としては珍しい、空冷エンジン（BMW139　1,500hp）搭載機として完成した。写真は、第二次大戦開戦が目前に迫った、1939年６月１日に初飛行した原型１号機Ｖ１。

↓　原型１号機が、エンジン、機体ともに不満足だったため、新しく完成したBMW801C（1,560hp）に換装し、機体設計も全面的に改めた、原型５号機Ｖ５。上写真の１号機と比較すれば、その変化の大きさがわかる。

↑↓　フォッケウルフ社ブレーメン工場に隣接する飛行場で、完成後の社内テストをうける、生産前型Fw190 A-0。設計者クルト・タンク技師の非凡なる才能に裏付けられた、優れた機体設計もあるが、結果的にはBMW801空冷エンジン（DB601系に比べ50%以上出力が大きかった）を搭載したことが、Fw190の成功の源であった。飛行性能全般にわたってBf109Fを凌いだことで、ドイツ空軍は保険機扱いから一転し、Fw190をBf109と双璧を成す主力戦闘機として大量生産することにしたのだ。下写真のエンジン試運転シーンでは、そうした本機の力強さが充分に感じとれる。

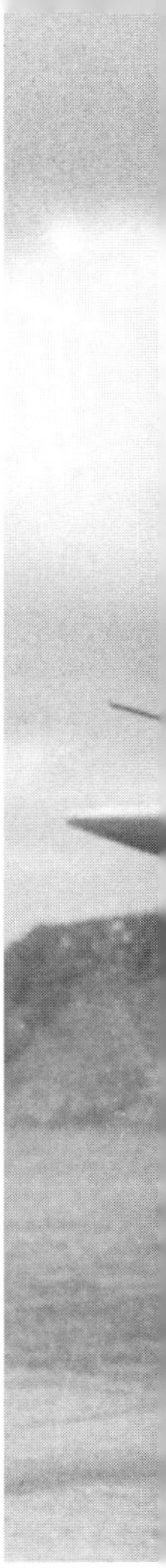

↑　出撃準備中のFw190A-3を、正面下方から仰ぎ見たショット。太い機首と、幅広いプロペラが強調され、非常に力強い画面構成になっている。1941年9月に西部戦線で実戦デビューした本機は、Bf109Fと互角の性能を持っていた、イギリス空軍のスピットファイアMk.Ⅴを完全に圧倒し、同空軍上層部に大きな衝撃を与えた。その結果、イギリスは特殊工作部隊により、フランス領内基地に展開するFw190Aを、調査のために強奪しようという、スパイ映画のような秘密作戦を実際に計画したことは、よく知られるエピソードだ。

→〔上〕 1942年夏、北海に面したオランダのカトウエイク基地にて、出撃前のエンジン試運転を行なう、第1戦闘航空団第Ⅱ飛行隊第5中隊所属のFw190A-3。直径の大きいBMW801D-2空冷エンジンを収めた太い機首、広い間隔で前方にぐっと踏んばった頑丈な主脚など、本機の特徴を余すところなく表現した秀逸な一葉。

→　まるで廃屋のように見える、対空偽装された木造格納庫から、地上員に押されて出撃準備エリアに引き出されようとしている、第2戦闘航空団所属のFw190A-3。1942年末、フランス領内基地におけるスナップ。イギリス海峡から比較的近い基地では、同国空軍の双発爆撃機の奇襲攻撃をうける確率が高かったため、機体の分散秘匿と、格納庫も含めた地上施設の対空偽装は、写真のように厳重に行なわなければならなかった。

↓　吹雪が止み、束の間の晴天となった、厳寒のロシア北部戦区の基地から出撃せんとする、第54戦闘航空団第Ⅰ飛行隊のFw190A-4。ときに、零下20～30度にもなるロシアの冬のもとでは、機体を出撃可能なコンディションにするだけでも、想像を超える苦労があり、地上員の任務もそれだけ苛酷であった。

↑　1942年秋、ローカルな雰囲気のロシア領内基地の一週で、尾部をジャッキ・アップして機銃/機関砲の弾道調整をうける第51戦闘航空団本部所属のFw190A-4。JG51は東部戦線の戦闘機隊として最初にFw190Aを装備し、本部と第Ⅰ飛行隊は、1941年9月にBf109Fから機種改変し、ソ連空軍機を相手に優勢に戦った。

↑　Fw190は、余剰馬力が大きいことから、きわめて早い時期に各種派生型の開発が行なわれていたが、それらのうちで、偵察型とともに、最初に現われたのが、戦闘爆撃機型、いわゆる〝ヤーボ〟(Jabo)である。写真は、そのヤーボの長距離版〝ヤーボ・ライ〟(Jabo-Rei)の１番手となった、Fw190A-4/U8。胴体下面に特設爆弾架を設け、両翼下面に300ℓ入り落下増槽各１個を懸吊する。爆弾携行量は最大500kgだったが、通常は250kgに制限していた。西部戦線、地中海方面にて活動した。

↓　ロシア領内の基地にて、エンジン試運転を行なう、第51戦闘航空団本部所属のFw190A-5。A-5は、A-4とともにAシリーズ中では中期の主力型で、1942年末から生産に入り、翌年夏までに合計723機つくられた。

私がテストした名機Ｆｗ190の性能

〈元陸軍航空審査部員・陸軍中佐〉荒蒔義次

試乗のチャンス来る！

昭和十八年の夏を過ぎると、わが航空部隊の第一線も南に西にと、次第に優勢な敵空軍に圧倒され、大勢は巨大な鉄環に首をしめられはじめたような不安が、こころのなかにも重くのしかかった。

ヨーロッパでもイタリアが脱落して降伏してしまい、日独両国で世界と戦いをつづけなければならない。ニューギニアに結集したわが二コ飛行師団も、敵の朝駆けに、せまい飛行場でみじめな全滅的打撃を受けた。私はこのとき、ふたたび審査部にかえった。

これからどんな方向に戦闘機は行くべきか、さかんに激論もたたかわされたが、技術は戦術、戦闘とはちがって、おいそれとは間に合わない。全力をあげても一年さき、二年さきになる。それまで戦線は持ちこたえられるだろうか。

大きな波の流れのなかにイライラしながらも、手ぢかなものからつぎつぎと対策を立てて研究、試験をしていった。

フォッケ・ウルフ190Ａ—５戦闘機についてテストしてみるチャンスが、こんなときにめぐってきたのであった。

それはちょうど、キ84「疾風」の本格的審査のはじめられたときである。もちろんフォッケ・ウルフのすぐれた点が、すぐ「疾風」にとり入れられるわけにはいかないが、技術的参考事項はこれからの試作、改修に大いにとり入れられることにはなるであろう。

私の眼のまえに現われたフォッケ・ウルフＦｗ190Ａ—５は、一言でいうならば軽快な単座戦闘機という感じであった。

私には私なりに、自分で一つのテストの順序、方法を持っている。とくに短時間に異なった数機種をはじめて乗って、その意見をもとめられる場合、一機種に使用できる飛行時間は、離着陸を入れてわずか二十分から三十分ぐらいである。降りてから一服すると、すぐ専門家たちにとりかこまれて所見を述べなければならない。まだだれも乗っていない場合はよいが、そうとう乗ったベテランたちに意見を述べるとなると、ホネが折れる。とくにつらいのは、同じ機種の型の変わったのに、つぎつぎと乗せられるときである。

海軍の空技廠飛行実験部で、「零戦」の五二型までにつぎつぎと乗せられ、降りて来るたびに、その感想をもとめられたときは正直な話、一つ一つ異なっている点をはっきり打ち出しにくいことも多かった。これが速度とか上昇力とか、数値的に出せるものであれば、ラクではあるが、数値の出ない感覚的な操縦性などになると、よほど特性をうまくいいあらわさないと、相手を納得できないので困る。

さて昭和十八年、ドイツから輸入されたフォッケ・ウルフＦｗ190Ａ—５は、ＢＭＷ八〇一Ｄ—２、一七〇〇馬力装備のものであった。

主担任は、のちに戦死した神保少佐で、私は副担任であった。

神保少佐が飛行性能、射撃性能、空戦性能を約一ヵ月の短期間で、大至急まとめることになった。普通であれば三ヵ月から半年かかるものを、戦局も切迫して来たので、すべてが急テンポになっていたのだ。

私はそのたびに乗って、自分で試験成績をたしかめたりして、私の見解を彼につたえた。

まずクセを知ること

昭和十八年十月はじめ、私ははじめてフォッケ・ウルフに乗ることになった。

まず飛行諸元、飛行性能の概要を膝当て板に記入した。そのうち、とくに聞いておきたい諸元は水平飛行時の速度、回転、圧力や飛行中の発動機諸元である。ほかの性能は自然に自分でもとめることができる。

つぎは飛行機の機体をみて、その特性を自分なりに知ることである。

離着陸関係にもっとも必要なものは轍間距離、これがせまいと接地瞬間の横の傾きに対して、飛行機が急激にまげられるおそれがあるが、フォッケ・ウルフはその点、轍間距離が大きいので安全である。

静止角があまり少ないのは、離陸時、前方滑走面が見えてラクであるが、着陸のときは十分にスティックの効果が利用できないので、いつまでも行き足がとまらない欠点がある。フォッケの場合はちょうどよい角度である。

なお、前側面風防が深く胴体に切り込まれてあるのは、大変よい思いつきだ。なんでもないようだけれども、離着陸にまた飛行中に側前下方の視界をよくしておくのみならず、これによって風防の高さもあるていど低くすることができる。これは大いに参考になった。

次にフラップの形式をたしかめる。翼、エンジンの付け根の状況、胴体のしぼりぐあい、方向舵および安定板の型および大きさ、こういうものが数値には出ないが、それぞれ関連しあって、いわゆる大きな意味のあらゆる操縦性を左右してくるのである。

すばらしい格闘性能

フォッケは以上のような観点から、まず〝良〟から〝優〟の部類に入ることがわかった。そして「ひょっとすると傑作の部類に入るかも知れないぞ」という予感もした。

座席に入って落下傘をつけた。まずすわり心地と一口にいうが、メッサーシュミットのようなきゅうくつさを感じない。といって、P－40などのアメリカ系統のように、必要以上に広くもない。むしろ世界的にいえば、せまい方かも知れないが、ムダのない感じだった。

各計器配置も比較的まとまっており、諸取扱装置および操縦装置も、われわれ日本人の手や足の長さでも十分に操作できた。

とくに電気で操作するところは油圧を主として使用した日本機よりも便利なうえ、座席まわりにいやな油もれもなく、飛行服や飛行靴を、オイルでよごすようなこともなく、なんとなく清潔感があった。

燃料系統については、とくにくわしく聞いた。タンクの切り換えコック、フラップ、脚の出入装置、これだけは十分に頭に入れておいた。あとは順序にしたがって内部の説明と取扱いを聞いた。

たとえ聞きもらしても、空中で判断して考えればなんとかなるものである。急場のとき、すぐ処置をしなければならないところだけをおぼえておけば、こころに余裕ができるからである。

発動機の暖気運転は、すこしかたい感じの回転だが、レバーを全開しても爆発音も震動も、思ったよりすくない。

滑走路まで出て行く間、左右のブレーキを使ってみるが、良く利いて、ねばりつくこともないので、機首を思う方向にむけることができた。

離陸レバーを全開、ぐんぐんスピードが加速されるが、偏向性もなく直進できる。すぐフワリと浮き上がる。高性能機であるが、軽戦闘機のようで、脚入りもスムーズだ。

やがて上昇にうつって行く。じつに軽快な乗り心地である。

私はまず失速性をしらべるために、静かに回転をつめた。速度が次第に落ちるが、べつに悪いクセもないようである。したがって悪性のブリルに入ることもなく、着陸時は十分に操縦桿が引けて、三点姿

➞　空中戦機動中のFw190Aを、後方より捉えた貴重なショット。日本陸軍におけるテストでも、その優れた性能が評価された。

勢で接地できるはずだと思った。

つぎに急旋回である。機首に旋転性がないことをたしかめてから、連続しての垂直にちかい急旋回を行なう。もちろんレバーを全開のまま操縦桿をいっぱいに引きつけてみる。舵に十分ねばりがあり、ハリケーンのように旋回停止の傾向もなく、良好な旋回を持続できた。

つづいて全速飛行にうつるが、加速性もよいし、上昇率がどんどん上がって、上昇飛行もよい。

以上の上昇力、旋回性、水平全速の関係から、すばらしい格闘性が生まれてくる。これだけあれば格闘戦には決して負けないであろう。急降下性は悪くはないが、メッサーシュミットのようにはいかないのは、その機首の形状からして当然であるが、敵におとされない強味をもっている。これがヨーロッパ戦線にあらわれたときは、さぞかし格闘戦を重んじた英空軍も、おどろいたことであろう。

急降下では〝飛燕〟が上

たえず馬力向上をはかった発動機が開発されて、装置変えをしていったならば数の差がはなはだしくならないかぎり、ドイツ空軍は連合国を圧倒したであろうにと思ったが、戦後わかったことは、次第に数の差が大きくなり、ついに全面的には圧倒されたようである。

しかし名パイロットが生き残っているかぎり、彼らは戦闘には決して敗けない自信を、最後の日まで持ちつづけたろうと思う。

各種アクロバシーをやってみたが、補助翼もきいて、一通りのことはスムーズにできた。

着陸は失速試験のときに述べたようなわけで、ラクに三点姿勢で接地ができ、滑走距離も短かった。

わが国の戦闘機で、フォッケ・ウルフにもっともにているものといえば、キ84「疾風」であろう。出現の時期的にはフォッケの方が先なので、多少、フォッケ・ウルフ190A―5が劣るようではあるが、軽快性においては、いくらかフォッケが優っているかも知れない。しかしその信頼度は、やはり工業国ドイツに一目も二目もおくことになる。

馬力荷重、翼面荷重、縦横比などの関連性は、馬力とともに戦闘機としては、十分に考慮されなければならない点である。

すなわち、戦闘中に上位になることが、精神的にいってもっとも大切なことであるからである。

キ100「五式戦」は、上昇と旋回性の面からみると、フォッケより優れている。そうすると、フォッケはちょうど「疾風」と「五式戦」の中間ぐらいに当たるというのが適当ではあるまいか。

反対にキ44「鍾馗」は、上昇力においては、だんぜんフォッケよりすぐれ、キ61「飛燕」は、急降下性においてフォッケをそうとう引きはなした戦闘機といえるであろう。

フォッケ・ウルフに乗って感じたことは、日本でもこのていどの性能の飛行機ならつくれるまでに工業技術が進んでいることに、むしろ優越感すら感じたのではあるが、くわしく調べると、遺憾ながら基礎工業がそれまで発達していなかったことである。

すなわち、日本の航空工業は、ピラミッド型であったわけで、せっかくの性能も、発動機などの故障のため、十分な戦力を発揮することができず、いたずらに地上に多くの故障機をさらす結果となって、さらに乗員不足とともに戦力低下をまねき、開戦時の威力は、わずか二年ほどにして彼我の態勢が逆転してしまったのである。

ドイツでも、戦闘機隊がフォッケ・ウルフを主力にして、最後まで充実した力をもって活躍したならば、第二次大戦の状況も変わったものになったのではあるまいか。

フォッケ・ウルフの歴史をヒモといてみると、つねに性能向上に努力し、成果が上がったということは、それ相当の優秀な発動機を装備し、しかも七〇〇キロという驚異的なスピードを得ることができたが、わが国では、性能向上も、わずかの速度向上のみに終わり、重量増大というへい害の方が多くなるので、どうしても新しく設計しなければならなくなり、鋭意努力したものの、スムーズに第一線に機数を保持することができず、けっきょく長期の戦いには不利であったのは、かえすがえすも残念なことであった。

〝名機〟といわれるには、ただ性能の優秀さばかりをさすものもいるが、しかし、いざ空戦となったときのパイロットたちの円熟した技量もまた、一つの欠かせない条件といわねばなるまい。もし日本にフォッケ・ウルフあれば……と、思うときもたびたびあったが、しかしそれ以上に、自分にあたえられた戦闘機を、いかに上手に乗りこなし、ライバル各国の戦闘機に、堂々と四つにくんで戦うことこそわが乗機、そしてライバルとを、名機として実証できる唯一のものであると確信していたのである。

〝日の丸〟をつけたドイツ空軍の花形戦闘機〝フォッケ・ウルフ〟を思うとき、今なお、日本の名機とともにその勇姿がはっきりと眼に映じるのである。

↑　ソ連空軍を相手にした激しい戦闘の疲れを癒すために、1944年夏のひとときき、準同盟関係にあったフィンランドに後退した際の、第54戦闘航空団第II飛行隊第４中隊所属Fw190A-５。画面左奥には、フィンランド空軍のブリュースターB-339/バッファロー戦闘機が写っている。この頃、Fw190AとBf109Gを擁する東部戦線のドイツ空軍戦闘機隊は、ソ連空軍の圧倒的な物量に押され、苦しい戦いを余儀なくされていた。

↓　他任務への転用を試みたFw190各試作機のなかで、キワモノ的という点で最右翼にあげられるのが、この雷撃戦闘機型Fw190A-５/U14であろう。胴体下面の特設ラックに懸吊した魚雷は、重量765kgのLTF５bで、尾部が地上に接触しないよう尾脚が延長されている。しかし、さすがのFw190Aも、この魚雷装備は負担が大きく、性能低下が著しいため、実用には至らなかった。

↓　迎撃出動から戻り、飛行場から遠く離れた森の中の駐機場に引き入れられる、第26戦闘航空団第Ⅱ飛行隊のFw190A-7。1944年6月、フランス領内基地での撮影で、当時、ノルマンディー海岸に上陸した連合軍は、戦闘機によってフランス内のドイツ空軍基地を常時パトロールするようになったため、Fw190やBf109部隊も、この写真のような措置が必須となった。Fw190A-7は、A-6の機首上部兵装をMG131 13㎜機銃に強化した型だが、写真の機は主翼外側のMG151/20を撤去している。

↑　1943年7月、フランス北部のヴィトリ・エン・アルトイス基地に展開し、イギリス本土からドイツに来襲する、アメリカ陸軍航空隊の四発重爆編隊を迎撃していた、第26戦闘航空団第Ⅱ飛行隊第6中隊所属のFw190A-6。A-6は、主翼外側の20㎜機関砲を、高性能のMG151/20に換装した型で、本土防空部隊を中心に配備された。A-5までの各型と比較し、砲身が長く突出しているので容易に識別できる。

〔このページ３枚〕“敵戦爆連合編隊来襲”の報をうけ、ドイツ本国南部のショーンガウ基地からスクランブル発進する、第３戦闘航空団第Ⅳ（突撃）飛行隊のFw190A-８/R８群を連続写真で追ったもの。本土防空戦も終章に入りつつあった1944年８月の撮影で、この頃、英本土駐留の米陸軍航空隊第８航空軍は、１回の出撃に四発重爆1,000機以上（!）、護衛戦闘機（P-47、P-51、P-38）700〜900機を送り出せる戦力を備えており、ドイツ戦闘機隊も平均200〜300機を動員して迎撃し、その都度戦果をあげたが、もはや大勢的には焼け石に水に等しかった。この３枚の写真のFw190A-８/R８は、四発重爆だけを攻撃するために、外翼武装を30㎜砲に換装、操縦室周囲に装甲板を追加した、いわゆる“突撃機”と称した型で、敵戦闘機に対しては、軽装備の別のFw190、またはBf109部隊に守ってもらうことになっていた。上写真の、先頭をきって離陸滑走に入った、２重クサビ記号の機体は、Ⅳ.（Sturm)/JG３飛行隊司令官、ヴィルヘルム・モリッツ大尉搭乗機で、彼は四発重爆12機撃墜のスコアを記録する、防空戦のエキスパートだった。

← 1943年末～44年はじめの厳冬期、つかの間を晴天をついて出撃する直前の、地上襲撃航空団所属のFw190F-3/R1。すでに、Aシリーズ各型のサブ・タイプとして戦闘爆撃機型は実戦投入されていたが、需要が高まったことをうけ、生産ラインを一定数常設し、本格的な専用型としたのがFシリーズである。F-3は、少数生産にとどまったF-1、F-2のあとをうけ、1943年5月から、ライセンス生産工場のひとつアラド社のヴァルネミュンデ工場で量産開始され、翌1944年3月までに約900機がつくられ、大部分が東部戦線の地上襲撃航空団に配備されて、ソ連地上軍を相手に活躍した。写真のF-3/R1が懸吊しているのは、SC250 250kg通常爆弾。

↑ 連合軍機がもうすでに近くまで迫っているのか、落下増槽も付けずに発進する、第3戦闘航空団第Ⅳ（突撃）飛行隊第11中隊所属、ヴィリー・マキシモーヴィッツ伍長搭乗の、Fw190A-8/R8、機番号“8”（黒）。黒塗りの機首、外翼から突き出たMK108 30㎜機関砲砲身など、重武装、重装甲で固めた“突撃機”の迫力を感じさせる。マキシモーヴィッツ伍長は、若年の下士官兵ながら、ドイツ敗戦まで生き延び、四発重爆15機を含む25機撃墜を記録する、防空戦のエースの1人だった。

↓ Fw190Aシリーズ系最後の量産型となった、A-9の原型機の1機、Fw190V53、製造番号816。A-9は、防弾、武装強化などで重量が増大し、全般飛行性能が低下したA-8を蘇生させるべく、新型BMW801TSエンジン（2,000hp）に換装したことが主な特徴だった。しかし、1944年9月から生産に入ったものの、就役が遅きに失し、めぼしい実績を残せないまま終わった。

↑　1944年早春、残雪のロシア領内基地から出撃する、地上襲撃航空団所属のFw190F-3/R1/Trop。このアングルから見る本機は、いかにもタフな機体という印象が強い。胴体下面のラックは空で、両翼下面のETC50小型爆弾架に、SC50 50kg爆弾各2発ずつの“軽装”であるところから、地上兵士に対する攻撃に向かうのであろう。機首両側の円筒状突起は、過給器空気取入口に防塵フィルターを追加したことによるもので、未整備のローカル飛行場で運用することが多い、東部戦線各部隊への配備を考慮した措置。

↑　Fw190A-5、A-6ベースのFw190F-3に代わり、1944年4月から大量生産に入った、Fw190A-8ベースのFw190F-8。爆撃関係装備はF-3に順じているが、両翼下面の小型爆弾架を、途中から新型のETC71に更新したことが目立つ変化。写真は、フォッケウルフ社ブレーメン工場における原型機の1機で、胴体下面にSC500 1発、両翼下面にSC50各2発を懸吊したフル装備状態。

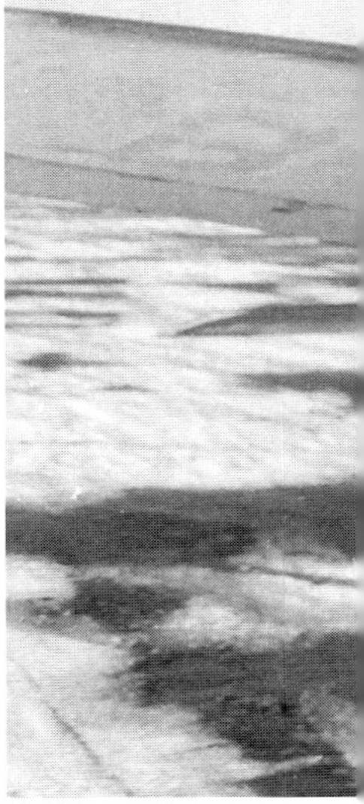

↘〔下〕 上写真とは対照的に、胴体下面ラックにのみ、AB250 250kgクラスター（親子式）爆弾を懸吊して、離陸・上昇してゆくFw190F-3/R1。通常、なかなか捉えにくいシーンであり、少々ブレてはいるが、躍動感に満ちたショットである。1943年後半以降、Ju87急降下爆撃機が旧式化すると、地上襲撃航空団の主力機はFw190Fシリーズがとって代わった。

↓　Fw190F-8は、その生産数の多さ（約3,000機）もあり、非常に多くのサブ・タイプがつくられたが、その中で、ひときわ異彩を放ったのが、雷撃機型F-8/R14、およびR15。不成功に終わったAシリーズ中の同型A-5/U14の再来ともいえ、改造の要領も同じであったが、魚雷だけではなく、魚雷型爆弾、その他の特殊爆弾も運用可能にしていた点が新しかった。しかし、戦況の悪化もあって、R14は試作のみ、R15もわずか5機つくられたのみに終わった。写真の機体はイギリス軍に接収されたR15。

↑　ソ連軍に対する爆撃を終え、ルーマニアの平原上空を西に向けて帰投する、第10地上襲撃航空団第Ⅱ飛行隊所属のFw190G-2。Gシリーズは、Fシリーズと同様の経緯で、A-4、A-5のサブ・タイプとして登場した、長距離戦闘爆撃機、いわゆる〝ヤーボ・ライ〟の量産タイプである。武装は、主翼付根のMG151/20 20㎜機関砲2門だけに限定され、両主翼下面に300ℓ入り落下増槽を標準装備とした。写真の2機とも往航時に使用して投棄したのか、落下増槽は懸吊していない。

↓　連合軍戦闘機の目を逃れるため、飛行場から遠く離れた森の中の掩体地区で、出撃に備えたエンジン試運転を行なう、第10高速爆撃航空団第Ⅰ飛行隊所属のFw190G-2/N。1944年夏、フランス領内、もしくはドイツ西部の基地における撮影。苦境に立たされたドイツ空軍の現状を、端的に示す一葉である。

〔上2枚〕 Gシリーズ3番目のサブ・タイプとなった、Fw190G-3の原型機の1機、製造番号636。G-3は、G-2の落下増槽懸吊具を変更し、250kg爆弾の懸吊も可能にしたのと、胴体内にPKS11自動操縦装置を追加したことが主な変化。写真の機が胴体下面に懸吊しているのは、SC500 500kg爆弾だが、さすがにこの状態では、クリーン状態に比較して90km/hも速度が低下し、航続距離も短かくなってしまった。戦況が悪化したこともあるが、G-3はわずか144機しか生産されず、G-2の601機の⅓以下にとどまった。G-3に続いて、A-8ベースのG-8も生産に入ったが、本型も極く少数引渡されたのみに終わった。

↑　Fw190Aは、確かに高性能ではあったが、唯一の弱点として、高度6,000m以上に上昇すると、急激にエンジン・パワーが低下し、性能がガタ落ちしてしまうことだった。これは将来に在英米陸軍航空隊の四発重爆が、高々度でドイツ本土に進入してくる可能性が高いことを考えると、ドイツ空軍には憂うべき問題であった。そこで、高々度性能向上策として、Fw190B、C、Dシリーズ３案にもとづき、それぞれの原型機がつくられてテストされ、その中から最良のものを採用することにした。写真は、DB603液冷エンジン（1,750hp）に換装し、排気タービン過給器を備える、Fw190Cシリーズ用原型の１号機Fw190V18。その姿から〝カンガルー〟のニックネームで呼ばれた。しかし、排気タービンの不調が災いし、開発中止のやむなきに至った。

↓　高々度性能向上３案のうち、エンジンを液冷Jumo213系に換装し、機体の改修を最小限にとどめた、Fw190Dシリーズの原型機の１機Fw190V53。空冷から液冷への転換という、通常では不可能に近い計画を、機体の大規模な改設計なしに実現し得たのは、液冷エンジンのウィーク・ポイントである冷却器、すなわちラジエーターを、エンジン前面に環状に配置するという〝マジック〟だった。本機が、一見、空冷エンジン搭載機のような機首形状をしているのはそのためである。結局、この〝マジック〟が決め手になり、写真のV53を原型にするFw190D-9が、Aシリーズの後継として大量生産されることに決定した。

← 祖国敗戦が目前に迫った1945年３月、ポーランド国境に近い、プレンツラウ基地に展開して、押し寄せるソ連空軍機と戦っていた、第３戦闘航空団第Ⅳ飛行隊本部小隊のＦｗ190Ｄ－９。

← ドイツ敗戦後、連合軍によって接収され、テストされるＦｗ190Ｄ－９。本機は、高度6，600ｍにて最高速度686㎞/ｈの高速を出し、連合軍、ソ連空軍の新型戦闘機に対しても、充分に太刀打ちできる性能を持っていたが、いかんせん登場が遅きに失し、華々しい戦績を残すことはできずに終わった。

↓ 高性能が確認されたＦｗ190Ｄシリーズは、最初の量産型Ｄ－９に続き、いくつもの発展型が矢継ぎ早に開発されたが、写真のＦｗ190Ｖ56は、そのうちのひとつＤ－11シリーズの原型機となった。エンジンを、さらに強力なJumo213Ｆに換装したことが、Ｄ－９との主な相違。

↑〔上2枚〕 Fw190Dシリーズの成功をうけて、フォッケウルフ社では、本型をベースにさらに強力なJumo213E系、もしくはDB603L系液冷エンジンを搭載する、高性能戦闘機を計画し、空軍からTa152の新名称により開発を受注した。写真は、高々度戦闘機型のTa152Hシリーズ用原型機の1機として、1944年8月に初飛行した、Fw190V30/U1。Fw190Dシリーズに比べ、胴体、主翼ともに延長され、いかにも高々度戦闘機という外観を備えている。

↓ 1944年12月、フォッケウルフ社コトブス工場で完成した直後の、Ta152Hシリーズの生産前型H-0の第3号機、製造番号150003。Ta152Hは、高度1万メートル以上にて、最高速度750km/hの快速を誇り、P-51やP-47、グリフォンスピットファイアなどの連合軍戦闘機を圧倒できる高性能を示したが、もはや、ドイツ空軍にはそれを生かす燃料も、腕のたつパイロットも枯渇しかけていた。

↑ ドイツ敗戦の前後、イギリス軍に接収され、同国ファーンボロー基地に運ばれて展示された、各種ドイツ空軍機のなかの１機、Ta152H-１、製造番号150168。ドイツ空軍は、最後のレシプロエンジン戦闘機Ta152に大きな期待をかけ、Hシリーズは、Me262ジェット戦闘機部隊が展開する、飛行場上空の防空を担当させようとしたが、敗戦までに完成したH-１はわずか数十機にとどまり、戦力と呼べるほどのものにならぬまま終わった。

↓ Hシリーズに続いて、大量生産が計画されていた、中・低高度戦闘機型Ta152Cシリーズ用原型機の１機、Ta152V７、製造番号110007。Hシリーズと異なり、エンジンはDB603LA（2,000hp）を搭載しており、過給器空気取入口は反対の左側に開口、主翼もFw190と同じ全幅10.5mで、外観はかなり違った印象をうける。しかし、Cシリーズは、生産型C-１がわずか数機完成したのみに終わり、戦争には間に合わなかった。

ドイツの航空技術に大きく依存した日本

野原　茂

第二次大戦中、ジェット、ロケット戦闘機を、世界に先がけて実用したことに象徴されるように、ドイツの航空、工業技術は、多くの面で列強国中の№1であった。

欧米に対し、航空分野の開拓が遅れた日本では、すべての面でこれら航空先進国から積極的に技術を吸収し、官民一体となって、追い付き、追い越すことを至上命題とした。

とりわけ、昭和ひと桁時代に入ってからは、陸軍は川崎航空機工業(株)、海軍は愛知時計電機(株)を通して、ドイツの機体、エンジン・メーカーに対する依存度が高まり、日華事変を契機に、米、英、仏からの新技術導入の道が閉ざされてしまったあとは、事実上ドイツだけが頼りとなった。

零戦や『隼』、一式陸攻など、日本陸海軍を代表する優秀機は、確かに、官民一体となった精進努力の成果ではあるが、もう少し広い視野に立って、第二次大戦中の日本の航空、工業界を見てみると、驚くほど多方面にわたり、ドイツの恩恵に浴していたことがわかる。

零戦の生命線ともいうべき光像式射撃照準器は国産品で実現できず、急遽ドイツのＲｅｖｉ ３Ｂをコピーして間に合わせた。結局、日本は太平洋戦争敗戦まで、ドイツの光像式射撃照準器の国産化、改良品でしのがねばならなかったのである。

ドイツの液冷エンジンもまた、日本陸海軍の戦力構成上不可欠な存在で、ＤＢ６０１の国産化は、陸・海双方で別々に行なうという、血税の無駄使いのようなことまでして、その導入に奔走した。

しかし、悲しいことに、原型と同じ高品質の部品を造る技術がなく、この国産化品を搭載した陸軍の三式戦闘機『飛燕』、海軍の艦上爆撃機『彗星』はともに実用性を欠き、最後は空冷エンジンに換装されるという憂き目をみた。

エンジンの次に、レシプロ機の命ともいうべきプロペラに関しても、日本は国産品を造る技術が育たず、金属可変ピッチ・プロペラの時代に入ってからは、そのほとんどをアメリカのハミルトン社製品の国産化でまかなった。

しかし、エンジンの出力が向上するにつれ、4翅プロペラが必要になると、ハミルトン系だけではカバーできず、ドイツのVDM社製品を国産化することにした。陸軍のキ67、キ83、海軍の『雷電』『紫電改』『烈風』『流星』など、戦争末期に就役、もしくは開発中の新型機の大半が、本プロペラを装備した。早い話が、VDMプロペラなしに、これら新型機も実現困難だったということだ。

そして、日本陸海軍航空が、ドイツの存在なしに立ち行かなかったと

↑ DB601A液冷エンジンの、海軍用国産化品、愛知『熱田』。陸軍用の川崎『ハ四〇』ともども、不調、トラブルに悩まされて期待を裏切った。

→ ドイツのRevi3Bをコピーした、零戦の九八式射爆照準器。陸軍の一〇〇式射撃照準器もRevi3Bの改良品であり、戦争末期に使われた海軍の四式、陸軍の三式照準器は、Revi C12のコピー、もしくは改良品である。

いう、最大の証明が、特別攻撃機『橘花』、局地戦闘機『秋水』の開発であろう。

戦争末期、押し寄せるアメリカ海軍艦艇、B-29超重爆撃機に対し、もはや既存のレシプロエンジン機ではどうにもならぬと悟った陸海軍は、ドイツからMe262ジェット戦闘機、Me163ロケット戦闘機の設計資料を取り寄せ、協同して昼夜兼行の突貫作業により、その国産化を目指したのである。

官民双方の関係者の非常な努力により、ともかく1年以内という超短期間に、ジェット攻撃機『橘花』、ロケット戦闘機『秋水』の試作1号機が初飛行にこぎつけた。

しかし、秋水は初飛行時に墜落、橘花も2回目の試飛行に離陸失敗してともに大破、それから旬日を経ずして敗戦を迎え、狂気のような努力は水泡に帰した。

以上に紹介した他にも、大型機用の無線帰投方位測定器、旋回機銃、爆撃照準器、自動操縦装置、木製材料の接着剤、光学硝子、クラスター爆弾など、ドイツの航空機、装備品から何らかの形で影響をうけたものは多々あり、まさに、冒頭に記したように、日本の航空産業は、ドイツの技術によって支えられていたといっても過言ではない。言い換えれば、同国の技術がそれだけ抜きん出ていたということである。

↑ 海軍最後の量産戦闘機『紫電改』が装備した、VDM4翅プロペラ。住友金属（株）が国産化したものだが、オリジナルの電気式可変ピッチ機構が造れず、ハミルトン系の油圧式で代用した。

← 陸海軍が協同し、三菱を主契約メーカーとして開発した、驚異のロケット戦闘機『秋水』。ドイツのメッサーシュミットMe163“コメート”が原型。

← 海軍主導により、中島を主契約メーカーとして開発した、ジェット攻撃機『橘花』。メッサーシュミットMe262ジェット戦闘機を参考にしたが、エンジン出力が低いため攻撃機として造られた。

Arado Ar240

アラド Ar240

↑ Bf110の後継機を目指し、アラド社が1938年に空軍から開発を受注した、多用途双発機Ar240。DB601Aエンジンを搭載し、与圧キャビン、環状冷却器、遠隔操作防御銃塔、花弁状に開く胴体後端の急降下エアブレーキなど、斬新な機構を多く採り入れた意欲作であった。写真は、1941年春に初飛行した原型3号機Ar240V 3。

↓ 空軍に納入され、実用テストをうける生産前型Ar240A-0。ナセル先端のダクテッド・スピナーが目を引く。しかし、Ar240は速度性能はまずまずだったが、飛行中の安定不良、視界不良、急降下エアブレーキの危険性など問題が多く、改良型B、C、D、Eシリーズも相次いで試作、計画されたが、結局は、空軍から量産発注は得られずに終わった。

メッサーシュミット Me210

Messerschmitt Me210

↓　メッサーシュミット社アウクスブルク、またはレーゲンスブルク工場で完成した直後のMe210A-1群。ともかく、本機の飛行中の安定性欠如は、原型機のテストで判明したにもかかわらず、根本的な対策を講じる前に生産をどんどん進めてしまうという無謀な行為の結果、空軍は3,000万ライヒス・マルクという巨額の損失を自らこうむった。

↑　Bf110の開発メーカー、メッサーシュミット社が、大きな自信をもって送り出した、後継機Me210は、予想に反しまったくの失敗作だった。なにしろ、飛行中に突然、水平錐揉に入って墜落するという、乗員にとってはこの上なく恐ろしい機体なのだ。これは、胴体、主翼、尾翼などのバランスを欠いた設計が原因である。写真は、原型機の完成前に、合計1,000機もの量産を受注していた、最初の生産型Aシリーズの駆逐機仕様Me210A-1。

↑　整備中のMe210A-1。エンジンナセル外側主翼下面にラジエーターが配置されており、そのフラップが、上下に2分して開くメカニズムがよくわかる。1942年4月14日付けをもって、Me210は各種欠陥を理由に生産中止が決定されたが、メッサーシュミット社必死の改設計により、事態がいくらか改善したため、同年秋には生産再開され、1944年までに細々と合計370機のA-1、A-2がつくられた。

←　電気系統、防氷装置、自動ラジエーター・フラップなど、諸装置のテスト機として使われた、原型第13号機Me210V13。本機だけ、4翅プロペラを装備していたことが、他の原型機と異なる点。流線形の機首、エンジンナセルなど、個々の形状は確かに洗練されてはいるが、どことなくアンバランスで、危うい印象は否めない。

↓　1942年末〜'43年はじめ頃、北アフリカのチュニジア上空を哨戒飛行する、第1駆逐航空団（2代目）第III飛行隊本部所属のMe210A-1、コードレター“2N+CD”。確かに安定性が少しは改善されたMe210Aは、Bf110よりも高性能であり、多用途機としてはそれなりに価値はあったが、いちど失った信用は容易に回復せず、部隊での評価はかんばしくなかった。

↓　昭和18年、日本陸軍が技術参考資料として、１機だけ購入したMe210A-２。その合理的な機体設計、主車輪収納法、遠隔操作銃塔などの斬新なメカニズムが大いに刺激を与えた。なお、Me210は枢軸側に加わったハンガリーでもライセンス生産され、同国のダニューブ航空機会社が、Me210A-１、A-２に相当する型を、それぞれMe210C-１、Ca-１の名称により計270機をつくった。このうち160機はハンガリー空軍に、110機がドイツ空軍に引渡され、前者はソ連軍を相手に地上攻撃などに活動した。

Messerschmitt Me410

メッサーシュミット Me410

↑〔上段〕 失敗に帰したMe210をなんとか蘇生させるべく、メッサーシュミット社が改設計を提案した２種のうち、与圧キャビン装備のMe310案に比べ、改修度合が低くて済んだことが決め手になり、採用されたのがMe410であった。写真は、1943年１月から生産に入った、最初の生産型Aシリーズの戦闘爆撃機仕様A-１。ちょっと見た目には、後期生産分のMe210Aと外観はほとんど同じだが、エンジンは、よりパワフルなDB603A（1,750hp）に更新されてナセルが長くなり、主翼平面形はシンプルなテーパー翼に改めるなど、内容的にはかなり変化している。

↑　爆撃機乗員の訓練を担当した、第101爆撃航空団第Ⅱ飛行隊に配属された、Me410A-３、製造番号10047、コード〝５T＋DN〟。A-３は、機首の爆弾倉内に、大型カメラ２台を備えた偵察機仕様である。

←　1943年８月、地中海のシシリー島を制圧した連合軍により、トラパニ基地で捕護され、のちにアメリカに運ばれて調査された、もと第122長距離偵察飛行隊第２中隊所属のMe410A-３、製造番号10018、コード〝F６＋WK〟。非常にクリアーな写真で、本機のディテールを余すところなく捉えている。大型カメラを収めた機首下面の爆弾倉部が、通常型に比べて膨らみをもっているのがわかる。なお、この機体は、現在もアメリカ国立航空宇宙博物館の復元施設内倉庫に、分解された状態で保管されている。

↑　編隊飛行するMe410A-１群。1943年に就役したMe410は、翌1944年末までに、ともかく1,000機余生産されたが、戦況が悪化したことと、双発戦の活動舞台が少なくなっていたために、ドイツ側で撮影された写真はそれほど多くない。とくに飛行中のものは少なく、その意味では、本写真は貴重な１枚といえる。

↑　1944年春、フランス領内基地に展開し、イギリス本土に対する夜間爆撃の任務に就いていた、第２爆撃航空団第Ⅳ飛行隊第14中隊長、アプラームチク中尉（手前中央の人物）と、彼の愛機Me410B-1、コード“U５+FE”。Bシリーズは、1944年はじめから生産に入った型で、エンジンをさらに強力なDB603G（1,900hp）に更新したことが、Aシリーズとの大きな相違。もっとも、ナセルをはじめ、外観上はほとんど変化がなく、識別は容易ではない。写真の機体は、夜間行動に適するよう、下面を黒く塗りつぶしている。

→　機首横に、航空団の通称名にちなんだ、かわいい“スズメバチ”のマークを描いた、第１駆逐航空団所属のMe410B-1/U２/R４。このサブ・タイプは、対爆撃機用駆逐機型で、機首爆弾倉内にMG151/20 20㎜機関砲２門、胴体下面にも同砲２門を追加装備した、重武装機である。

↖〔上〕 ドイツ敗戦の前後、進攻してきたソ連軍に接収された、Me410B-2/U４。機首下面から突き出た、巨大な50㎜機関砲（BK５）が圧巻だが、確かにこの大口径砲は、対爆撃機迎撃にはきわめて有効だったものの、機体重量が大幅に増し、飛行性能はかなり低下した。そのため、連合軍側の単発戦闘機に捕捉されると、簡単に撃墜されてしまい、まさに“両刃の剣”であった。

←　これも、ドイツ敗戦の前後、格納庫に納められた状況で、進攻してきた連合軍に接収されたMe410B-6。本型は、Bシリーズ最後の量産型となったサブ・タイプで、機首前面に“Zaun-könig”と呼ばれた探索レーダー用のアンテナを付けた、対水上艦船哨戒/攻撃機仕様である。もっとも、戦況が完全に悪化した1944年後半に就役したため、その活動するべき舞台はほとんど無くなっていた。

ドイツ戦闘機の迷彩塗装

野原　茂

ドイツ空軍に限らず、第二次大戦中の各国軍用機は、機種の如何を問わず、敵機からの被発見率を低くするために迷彩塗装を施した。

迷彩とは、機体を周囲の風景に溶け込ませて、目立たなくするのが目的であるから、国によって、あるいは行動地域によって、それぞれの風景に適応した色調、パターンがあるわけで、その種類は、千差万別だった。

ドイツ戦闘機の迷彩塗装は、1935年の空軍創立から1945年の敗戦・消滅に至るまでに、標準的なものは大別して4種規定された。

すなわち、空軍創立から1936年末までは、まだ迷彩という意識がなくて、全面をグレイグリーンに塗っていたが、1937年に入ってBf109Bが本国部隊に配備開始されるのと同時に、上側面を暗いグリーン系2色の折線分割パターン、下面をライトブルーに塗る迷彩を規定した。

いうまでもなく、上面の2色、ブラックグリーンとダークグリーンは、ドイツ本土に多い針葉樹の森に合わせた色で、上空からみて地上風景に溶け込むことを狙った、いわば受身の迷彩というべきものだ。下面のライトブルーは、もちろん飛行中に地上から見て、空の青に溶け込むようにするためである。

このグリーン2色の迷彩は、1940年はじめ頃まで適用されたのだが、第二次大戦が開戦してみると、Bf109の優勢がはっきりしたため、上面2色はグレイグリーンとダークグリーンのペアに変更、下面色も胴体側面、垂直尾翼全体にまで塗布範囲を広げた。

これは、とりもなおさず、飛行中の迷彩効果を優先したもので、受身の姿勢から攻勢に転じたことを示している。

しかし、この迷彩が適用されていくらも経たないうちに、ドイツ空軍はそれまでの弱体空軍とは訳がちがう、精強なイギリス空軍戦闘機隊を相手にした航空決戦、いわゆるバトル・オブ・ブリテンに投入され、初めて挫折を味わう。

この戦いは、戦闘機の迷彩にも変化をもたらし、地上、空中いずれにあっても目立たぬよう、グレイ系の色調を新たに採用し、胴体側面、垂直尾翼には、のちに大戦中のドイツ戦闘機のトレード・マークともいわれた、斑点状の吹き付けパターン、いわゆるインクスポットが導入された。

新しいグレイ系迷彩は、1940年夏に、Bf109Fの生産開始とともに施行され、Bf110、Me210、Fw190もこれに順じたのだが、空軍の書類上での公式発布は1941年6月24日であった。

上面2色はダークグレイグリーンとグレイバイオレット、下面は同じライト

← 1937年はじめから適用された、暗いグリーン系2色による、折線分割パターン迷彩を施したBf109B-2。

ブルーだが、従来よりは青味がいくぶん少なく、明度も若干上がった色調である。

グレイ系迷彩は、その後1944年6月末まで適用されたのだが、この頃ドイツを取り巻く状況は一段と厳しくなり、本国では連日のように在英米陸軍機による空襲をうけたため、戦闘機隊は、再び地上における迷彩効果を優先せざるを得なくなり、上面2色をグリーン系に戻すこととした。

この指令は7月に発布されたのだが、空襲による混乱、塗料不足などもあって生産現場での導入は大幅に遅れ、1944年秋以降になってようやく実行された。

しかし、各社により色調はバラつきがあり、旧塗料のストックを使う工場もあったりして、統一性を欠いた。

なお、以上に述べたのは、昼間戦闘機に限ったことで、この他に地中海、北アフリカ、ロシア、スカンジナビア方面におけるローカル迷彩、夜間戦闘機用迷彩もあるわけだが、紙数の関係で説明は省略する。

↑　1941年6月発布の、グレイ系制空迷彩を施したBf109G-2。

↓　Me210Aのグレイ系迷彩パターン。Bf110、Me410、Me262も基本的に同一パターン。

Messerschmitt Me209

メッサーシュミット Me209

→ ナチス・ドイツ第三帝国の国威を、世界に知らしめるために、ただひたすら、速度記録樹立にのみ焦点を絞って開発された、Me209V 1。1939年 4 月26日、755.138km/hの世界速度記録樹立は、確かに偉業ではあったが、果たしてどれだけ国益につながったかは、一概には論じられない。

↓ Me209の、実用戦闘機への転用を図るための原型機となった、試作第 4 号機Me209V 4。しかし、この計画は、当然のごとく見事に失敗した。ただ速く飛ぶだけ、それしか能のないMe209の本質を忘れた暴挙であった。

メッサーシュミット Me309

Messerschmitt Me309

↑↓　速度記録樹立機Me209の転用は別にして、メッサーシュミット社が、Bf109の後継機の本命と目論んだのは、1941年はじめに空軍から正式に開発受注したMe309である。性能上の目標値は、Bf109Fに比較し、速度を25%、航続距離を85%増大させることにあった。そのため、DB603Aエンジン（1,750hp）を搭載する機体は、前車輪式降着装置、引込式ラジエーター、与圧キャビンなど、斬新な機構を多く採り入れた意欲的な設計で、空軍も本機に大きな期待をかけた。しかし、1942年７月以降に完成した４機の原型機をテストしたところ、性能、操縦・安定性ともにきわめて悪く、エンジン、機体各部にも不具合が多々あり、とてもBf109の後継機にはなり得ないと判定され、1943年なかばまでに不採用を通告された。２枚の写真は原型１号機。

→　メッサーシュミット社にとって、Bf109の後継機をモノにする最後のチャンスとなった、Me209-Ⅱ。実は、機体名称こそ先の速度記録樹立機と同じであるが、内容はまったくの別機で、このページに紹介したMe309よりもあとの設計である。DB603Aエンジン（1,750hp）を搭載し、環状ラジエーターを採用、Bf109Gの部品を65%も共有する、コスト、生産性を充分に考慮した、いかにも戦時開発らしい機体だった。写真は、原型１号機Me209V５で、1943年11月に初飛行、ライバルのFw190Dシリーズに匹敵する性能を示し、非常に有望視された。しかし、結局は生産効率の面でさらに優れるFw190Dが採用され、Me209-Ⅱは不採用と決定、メッサーシュミット社の悲願は実らなかった。

Blohm&voss Bv40

ブローム・ウント・フォス Bv40

↑　ドイツ本土に押し寄せる、在英米陸軍航空隊の四発重爆撃機を迎撃する、他に類のないグライダー戦闘機として開発されたのが、このBv40である。敵編隊から発見されにくくするため、機体はわずか全幅7.9m、全長5.7mの超小型とされ、パイロットは鋼板で整形された機首部に、腹這いになって搭乗するという大胆さ。武装は、主翼付根の胴体両側に備えた30㎜機関砲各１門。写真は、1944年５月31日に初飛行した原型１号機Bv40V1。

←　Bv社のスタッフにより飛行場に移動される、Bv40 V1。スタッフと比較すれば、その小型ぶりがよくわかる。

→　着陸時の滑走距離を短縮するために装備した、２重隙間フラップ。本機はFw190やBf110に曳航されて離陸し、高度7,000m付近まで上昇してから離脱、急降下滑空により、900㎞/h近い高速で敵機に接近して、射撃することになっていたが、現実問題として、敵の護衛戦闘機がひしめく中、ノロノロと曳航されて所定の高度まで到達できるのはほとんど不可能に近く、結局はこのことがネックとなり、計画は放棄された。

ブローム・ウント・フォス Bv155 Blohm&voss Bv155

↑↓　ドイツのレシプロエンジン戦闘機のなかで、Bv155ほど計画が二転三転し、かつ機体設計的にも奇抜さを感じさせるものはないだろう。最初は、メッサーシュミット社にて艦上戦闘機Me155として設計スタートし、空母建造の中止により高速爆撃機に計画変更され、これも途中で挫折、最後は排気タービン過給器を装備する高々度戦闘機になった。しかし、メッサーシュミット社はBf109、Bf110、Me210/410、Me262などの開発、生産で多忙を極めており、Me155の開発は、ブローム・ウント・フォス社に譲るよう空軍が命令、Bv155と名称変更された。だが、原型１号機の初飛行は1945年２月８日と遅れ、わずか３ヵ月後にドイツは降伏、すべての努力は水泡に帰した。写真は、初飛行前の準備に追われる１号機。異様な外観がよくわかる。

Dornier Do335"Pfeil" ドルニエ Do335"プファイル"

↑　胴体の前後にエンジンを配置し、双発機のパワーと、単発機の空力特性をあわせもつ理想的な形態という持論のもと、ドルニエ社のクローディウス・ドルニエ博士が送り出したのが、Do335"プファイル"である。写真は、1943年10月26日に初飛行した原型１号機Do335V1の飛行中の側面ショット。通常の双発機を見馴れた目にはなんとも奇異な印象を与えるスタイルだ。後部エンジン（DB603A-1 1,750hp）は、ちょうど国籍標識あたりの胴体内にあり、後端のプロペラは３m近い延長軸により駆動される。

↘　同じく、飛行テスト中に右旋回する１号機。ドイツ空軍は、Do335を戦闘爆撃機として使うことにしていたため、胴体内爆弾倉が設けられており、ここに最大1,000kgまでを懸吊できた。写真でみると、左右主車輪収納部の間が爆弾倉位置。

↑　1号機に遅れること3ヵ月、1944年1月20日に初飛行した、原型3号機Do335V3、コード〝CP+UC〞。胴体の前後にプロペラがあるため、降着装置は必然的に前車輪式になった。単発機の形態をもつといっても、胴体内に2基のエンジンを収めるため、やはり全長14m近くもあり、最大重量に至っては9.5トンと、さすがに双発機にふさわしいスケールである。

↘　右後方から見た3号機。本機の通称〝プファイル〞は〝弓矢〞の意であり、下方にも張り出した垂直尾翼のせいで、正面から見ると十字形に見えることにちなんでいる。後部にもプロペラがあると、パイロットが非常時に脱出する際、きわめて危険であるが、そこはちゃんと考慮されていて、脱出にあたっては、まず操縦席からの操作で、垂直尾翼、後部プロペラの付根に備えた火薬を爆発させて飛散させ、それからパイロットが射出座席ごと機外に飛び出すようになっていた。

↑　ドイツ敗戦後、ドルニエ社工場が所在した、ミュンヘン西方のオーベルプファッフェンホーヘンにて、米軍に接収された、最初の生産型Aシリーズの生産前型第5号機Do335A-05、製造番号240005。最高速度760km/hを出す本機に、空軍は大きな期待をかけ、ドルニエ社に緊急量産を指示したものの、うち続く空襲と国内産業全体の混乱により、敗戦までに40機程度が完成しただけで、戦力にならないまま終わった。

↑　Do335は、空軍の大きな期待もあって、原型機のテスト中から様々な派生、発展型が計画、あるいは試作され、わずか40機程度しか完成しなかったわりに、そのバリエーションは多い。写真は、その派生型のひとつ。従来の操縦室の後方に、一段高くして教官席を設けた、複座練習機型Do335A-11、A-12のプロトタイプとなった、原型第11号機Do335M11、製造番号230011。その外観から、“大アリクイ”と通称された。

↓　武装、防弾装備を強化するなどした、2番目の生産型Do335Bシリーズのプロトタイプとなった、原型第13号機Do335M13、製造番号230013、コード“RP+UP”。両主翼前縁にMK103 30㎜機関砲が突き出し、キャノピー前面形状が変わり、前脚タイヤも大型化するなど、Aシリーズに比べて凄みが増している。しかし、Bシリーズは生産機が完成しないまま終わった。

↑↓　ドイツ敗戦当時、ドルニエ社オーベルプファッフェンホーヘン工場内で、生産途中だったDo335群。塗装も施されず、ジュラルミン地肌のままの未完成機が、かなりあったことがわかる。上写真の手前２機は、Bシリーズの重戦闘機仕様B-3のプロトタイプで、尾翼の一部には塗装が施され、完成間近だったことがわかる。下写真の中央は、複座練習機型Do335A-12の１機、製造番号240121、コード“RP+UL”。しかし、これらの機体も、未完のまま米軍の手によりスクラップ処分され、うたかたのごとく消え去った。

Heinkel He280

ハインケル He280

↑ ドイツのジェット機開発というと、メッサーシュミットMe262戦闘機、アラドAr234爆撃機の両実用機の名前がどうしても先に出てしまい、両社が先行していたかのごとく思ってしまう。しかし、初期のドイツ・ジェット機開発をリードしたのは、He178で世界最初にジェット飛行を記録したハインケル社であった。写真は、そのハインケル社が、史上最初の実用ジェット戦闘機を目指し、鋭意開発に取り組んだHe280の原型１号機。1940年９月という早い時期に、機体だけは完成したものの、肝心のジェットエンジンが完成せず、写真のように、左右ナセルの取り付け位置にバラスト（オモリ）を付け、He111に曳航されて離陸、滑空により初飛行した。

↓ 自社製HeS8aターボジェットエンジンを搭載し、1941年３月30日に、He280として最初にジェット飛行を記録した原型２号機He280V2。HeS8aの推力はわずか550kgにすぎず、しかも燃料漏れのトラブルがあり、飛行テストは、火災の危険を考慮し、写真のようにナセルを取り外して行なわなければならなかった。

← 正面から見た、原型２号機He280V2。右側ナセルが取り外され、HeS8aターボジェットエンジンが露出したままになっている。He280は、ジェットエンジンを別にすれば、機体そのものの設計、構造は、当時のレシプロエンジン双発機と変わらなかった。ただし、ジェットエンジン機であるがゆえ、降着装置は前車輪式、非常脱出時を考慮し、射出座席にした点が目新しかった。

→ ハインケル社工場のある、ドイツ北部沿岸に近いロストック市近郊マリーエンエーエに着陸する、原型３号機He280V3。エンジンの推力が弱いこともあって、He280の最高速度は、1941～42年当時のレシプロ戦闘機に比較すると、格別に優速とは言えなかった（700㎞/h）が、防空戦闘機として成功する可能性は充分にあった。

↓ 1943年２月８日、飛行テストのため離陸した直後、エンジン不調となって不時着したHe280V3。にわかに信じ難いことであるが、当時のドイツ空軍上層部には、ジェット機の威力を正しく理解できた人間は少なく、He280についての関心は低かった。そのため、一応は形ばかり量産発注はしたものの、ほどなくして後発のMe262が登場したことにより、キャンセルされ、He280は表舞台に出ることなく消え去った。

Messerschmitt Me262

メッサーシュミット Me262

↑ 世界最初の実用ジェット戦闘機として、Me262の名は誰もが知っている。もし、本機が１年早く就役していたなら、ヨーロッパ航空戦は違った展開になったであろうというのは、戦史研究家の一致した見解だ。しかし、ジェット機開発で世界をリードしたドイツとて、1944年秋に実戦配備を始められたことが、精一杯の努力の結果だったのである。ジェットエンジンの実用化は、そんなに簡単にできるものではなかった。写真は、メッサーシュミット社、およびエンジン・メーカーのユンカース発動機会社（Jumo）の努力が実り、ようやく、ジェット戦闘機らしい形態で完成した、原型２号機Me262V2。

↓ メッサーシュミット社のMe262生産工場が所在した、ライプハイムの飛行場における、原型３号機Me262V3。１号機はJumo004ジェットエンジンが間に合わず、上写真の２号機は調整に手間取ったため、Me262として最初のジェット初飛行を記録したのは、この３号機だった。1942年７月18日朝のことである。上写真の２号機も含め、レシプロエンジン機と同じ尾輪式を採っており、いかにもジェット機の揺籃期という印象をうける。

← 飛行を終えての着陸時、右主脚を折損して傾いた、先行生産型Me262Sの１号機、製造番号130006、コード“VI+AF”。まったく新しい動力の取り扱いもさることながら、それに適した飛行法、操縦法を開拓することも重要であり、実用テスト中には、この写真のような軽い事故はしばしば発生した。

← これも上写真と同じく、実用テスト中に着陸事故を起こした、Me262Sの第３号機、製造番号130008、コード“VI+AH”。衝撃により、左右エンジンとも主翼から脱落してしまっている。原型機は実戦機と同じ迷彩を施していたが、Me262Sは、全面をライトブルー１色にしていた。

← 1944年５月から完成し始めた、最初の生産型Me262A-1aの１機、製造番号130167。このアングルから見ると、Jumo004Bターボジェットエンジンを収めたナセルが、機体と比較してきわめて大きいことがわかる。推力は900㎏あり、Me262に870㎞/hという、レシプロエンジン機には到底不可能な高速をもたらした。

→ Me262の実用テストを担当する組織として、1943年12月に編成された、第262実験隊に配属された、最初の生産型Me262A-1a、機番号“白の13”。長い前脚を伸ばし、機首を上に向けた様は、いかにも新時代の軍用機という印象を与える。

↓〔下2枚〕 第262実験隊に配備された、Me262A-1a、製造番号170041、機番号“白の10”の、離陸、および飛行中を捉えた、ムービー・フィルムからのコマどりショット。レシプロ機と隔絶する高速性能が、画面からも伝わってくるようだ。本機の操縦は難しくなく、ある面ではレシプロ機よりも容易とさえいわれたが、エンジン出力の増減には独特のコツを要し、スロットル・レバーの急操作は、たちまちフレーム・アウト（エンジン停止）につながった。

世界最初のジェット戦闘機隊

野原　茂

Jumo004Bジェットエンジンが、難航のすえにようやく量産、実用化に目途がつき、最初の生産型Me262A-1aが完成し始めた1944年5月、ドイツ空軍にとっては、〝青天の霹靂〟ともいうべき事態が起こった。

こともあろうに、ヒトラー総統が、Me262は戦闘機として使ってはまかりならぬ、すべて爆撃機として配備しろ、と厳命したのだ。彼の頭の中は、間近に決行されるであろう、連合軍のヨーロッパ大陸反攻上陸作戦、すなわち、のちのノルマンディー上陸作戦の脅威でいっぱいであり、高速のMe262なら、その上陸部隊の頭上にやすやすと侵入でき、爆弾を見舞えば、一挙に潰せると考えたのである。

しかし、総統直々の命令でにわか編成されたMe262爆撃機部隊〝コマンド・シェンク〟は、1944年7月下旬から、フランス領内を進撃してくる連合軍地上部隊に対し攻撃を加えたものの、まったく戦果らしいものをあげぬまま、いたずらに機材の消耗を繰り返したあげく、1944年9月はじめにはドイツ本国に引き揚げ、解散させられてしまった。

専用の爆撃照準器もなく、レシプロ爆撃機に比べて2～3倍の超高速で飛ぶMe262が、地上の限られた目標に爆弾を命中させることなど到底不可能なことであった。航空戦術を多少なりとも理解していれば、最初からわかりきったことだった。無知な総統の命令に絶対服従せざるを得ない、ナチス第三帝国そのものの欠陥のなせる事だった。

みずから発した命令の愚を悟ったヒトラーが、Me262本来の戦闘機としての使用許可を出したのは、1944年9月下旬のことで、ただちに、東部戦線から、傑出した撃墜王、ヴァルター・ノヴォトニー少佐を呼び寄せ、彼を指揮官にした〝コマンド・ノヴォトニー〟を編成した。世界最初の実戦ジェット戦闘機隊の誕生である。

しかし、わずか一週間程度の訓練をうけただけでは、真に戦力として役に立つMe262の運用法をマスターすることはできず、ノヴォトニー隊は1ヵ月間の戦闘で22機撃墜を記録したが、みずからもそれを上まわる26機を失い、壊滅状態に陥った。

そして、この結果をみた空軍は、パイロットの訓練が不充分と判断、新たにMe262による正規航空団JG7を編成すると同時に、旧ノヴォトニー隊の残存人員、機材を吸収、世界最初のジェット戦闘機隊は、わずか45日間の短命に終わった。

そのJG7が、本格的に防空戦に参加するのは1945年3月末のことであり、すでに戦争終結は1ヵ月先に迫っていた。

R4M空対空ロケット弾の効果もあり、JG7のMe262は、1ヵ月間に連合軍機を400機以上も撃墜し、ジェット戦闘機の威力をまざまざと見せつけたが、時すでに遅かりしで、祖国崩壊とともに、その短い隊史を閉じた。

← 世界最初のジェット戦闘機隊、〝コマンド・ノヴォトニー〟に配属された、Me262A-1a、機番号〝白の4〟。

↓ 1945年2月、ギーベルシュタット基地に並んだ。第54爆撃航空団〔戦闘機〕所属のMe262A-1aまたはA-2a。この変則的な名称を冠する部隊は、従来のレシプロ双発爆撃機隊のパイロットを、速成訓練によってMe262パイロットに転換し、早急に戦力化するという安易な発想から生まれたものである。しかし、所詮、爆撃機パイロットは戦闘機パイロットにはなり得ず、訓練中にP-51と遭遇して大損害をこうむり、計画は掛け声倒れに終わった。

↑ Me262A-1aを正面より見る。特徴あるオムスビ形の胴体断面がよくわかるが、この断面形は、高速に適した薄い主翼に、大重量を支える大きな主車輪が収めきれず、胴体の下方両側を外側に伸ばしてこれを収納するために、必然的に生まれたものだ。機首に見える4つの小さな穴が、MK108 30㎜機関砲の発射口。

↓　解散したコマンド・シェンクに代わり、Me262爆撃機隊の中核となった、第51爆撃航空団所属のMe262A-2a。機首の30㎜機関砲を２門に減じ、ETC503型爆弾ラックを取り付けた点がA-1aとの相違。戦闘機隊とは異なった、メロメロ・パターンの迷彩に注目。

↑　地上員に見送られて出動する、第７戦闘航空団第Ⅰ飛行隊司令官、テーオドール・ヴァイセンベルガー少佐搭乗のMe262A-1a。機首下面に、爆弾、増槽兼用ラック〝ヴィーキンゲル・シッフ〟（海戦船）を取り付けている。ヴァイセンベルガー少佐は、スカンジナビア方面だけで通算200機撃墜を果たしたスーパー・エースで、Ⅰ./JG7に転属し、Me262を乗機とするようになってからも、８機撃墜を記録し、ジェット・エースの仲間入りを果たした。1945年１月には、解任されたシュタインホフ大佐に代わり、JG7の航空団司令官に昇格する。

↑　祖国敗戦が目前に迫った1945年４月25日、夜戦パイロットからMe262パイロットに転換訓練中だった、第７戦闘航空団第Ⅲ飛行隊所属のギュイド・ムトケ准尉が、燃料不足により、スイスのデューベンドルフ飛行場に不時着させた、Me262A-1a、製造番号500071、機番号〝黄の３〞。ナセル外側の主翼下面に、R4M空対空ロケット弾の発射装置を付けていた。なお、本機は戦後に西ドイツ（当時）に返還され、現在もミュンヘンに所在する、ドイツ博物館に保存、展示されている。

→　Me262A-1aの右主翼下面に装備された、R4M空対空ロケット弾を正面から捉えた貴重な写真。〝オルカン〞（暴風）の通称で呼ばれたR4Mは、口径は55㎜と小さいが弾道性に優れ、威力は高かった。よく見ると１発ずつ微妙に角度を違えて懸吊しており、発射後は600m先で、米軍の四発重爆の翼幅に相当する円形に散開し、命中率を上げるようになっていた。

↓　胴体後部にMe163が搭載したのと同じヴァルターHWK109/509A-2ロケットエンジン（推力1,700kg）を追加装備し、上昇性能向上を狙ったMe262Cシリーズ用原型機、Me262V186の豪快な離陸シーン。本機は、高度9,000mまでわずか３分という素晴しい上昇力を示したが、時すでに遅く、Cシリーズの生産に入る前に敗戦を迎えた。

← 米陸軍航空隊の四発重爆を、遠方から一撃で仕止めることを狙い、機首にMK214A 50㎜機関砲１門を特別装備した、Me262A-1a/U4のプロトタイプ１号機、製造番号111899。本機は、1945年２月末に初飛行し、テスト結果も上々だったことで、Me262Eシリーズとして生産に入ることが決定されたが、完成機が出る前に敗戦となった。

→ 機首先端をガラス張りに整形し、専任の爆撃手を配置する、本格的な爆撃機型、Me262A-2/U2のプロトタイプとなった、製造番号110555。爆撃照準器（Lotfe7H）も備え、かなり有効な機体になると思われたが、Ar234Bが就役したこともあり、生産には入らなかった。

↓ Me262パイロットの養成、および他機種からの転換訓練に使うために、合計106機生産されることになっていた、複座練習機Me262B-1a。後方に教官席を追加し、一体の大型キャノピーで覆ったことがA-1aとの外観上の違い。しかし、戦争末期の混乱により、20機程度が完成したのみに終わり、予定した成果をあげることはできなかった。

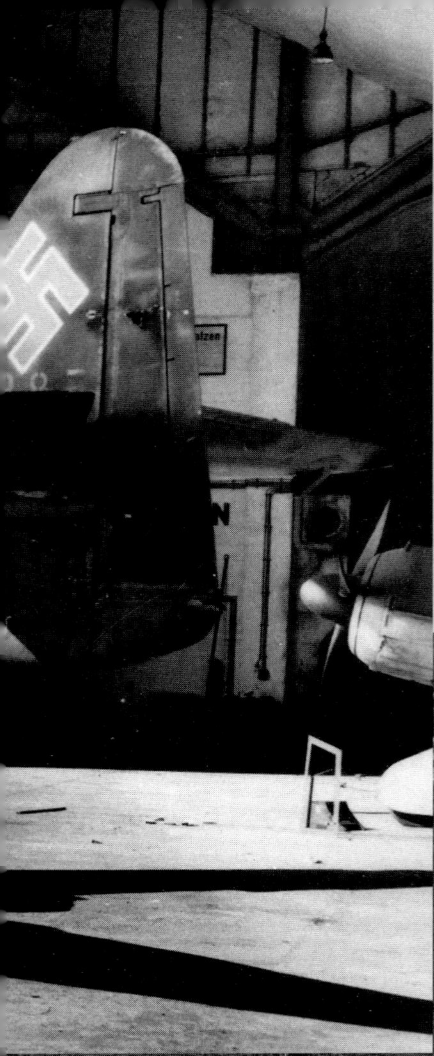

← ドイツ国内シュテンダル基地において進攻してきた連合軍地上部隊により接収された、もと第7戦闘航空団第Ⅰ飛行隊第3中隊所属のMe262A-1a、製造番号112385、機番号“黄の8”。大きな戦果をあげた、JG7のMe262が採った常套戦術は、連合軍側から“ローラー・コースター”攻撃と呼ばれたもので、敵爆撃機編隊の後方5,000m、2,000m上空に占位し、緩降下により後方1,500m、下方500mまで達したところでズーム上昇に転じ、機関砲、ロケット弾を斉射するというものだった。

↓ カラーであれば、今でもカレンダーの写真として通用しそうな美しい風景であるが、ドイツ空軍の最期を記録した、歴史的な一葉である。1945年5月末、オーストリアのインスブルック近郊の草原に、敗残の姿を晒す、もと第44戦闘団（JV44）のMe262A-1a、製造番号111857と、左奥はJu87D-7。ともに、連合軍によってドイツ国内を追われ、アルプスを越えてここに飛来してきた。

↓　メッサーシュミット社ライプハイム工場に近い、アウトバーン（高速道路）脇の森の中で、連合軍に発見されたMe262A-1a。ドイツ敗戦当時、各航空機工場の多くが、激しい空襲を避けて、森の中、地下に疎開しており、写真のMe262も、その森の中の工場で完成し、アウトバーンを滑走路がわりにして、出撃しようとしていたものだろう。

← ドイツ南部シェハップの森の中の疎開工場から、塗装を施すヒマもなく完成したばかりのMe262A-1aが、進攻してきた米軍地上部隊により臨検されているシーン。1945年４月27日の撮影で、ドイツ降伏は11日後に迫っていた。空軍の期待を一身に背負っていたMe262だけに、メッサーシュミット社に対する、生産工場の疎開は徹底しており、ドイツ南部のミュンヘン、アウクスブルク、ウルム、シュタットガルト、レーゲンスブルクなどの周辺に大規模に行なわれ、連合軍機のシラミつぶしの大爆撃にもかかわらず、敗戦の日まで、各地の疎開工場からMe262が続々と完成していた。そして、これらの完成機は、森の中を通る高速道路を利用し、各部隊に引き渡すため飛び立っていくはずだった。

↓ これも、森林工場の生産ラインを、接収した米軍が撮影したもので、場所はレーゲンスブルク近郊の、オーバートラウブリンクの森である。画面左奥が組み立てラインの出口でそこから手前のほうに、細部艤装を終えた機体が流れてゆく。この先は高速道路に突き当たり、ここから飛び立つ。各機とも塗装は省略され、ジュラルミン地肌のまま。なお、敗戦当時、ドイツはさらに本格的な森林地下工場も建設中で、合計６つの地下工場が完成すれば、月産4,000機（／）のペースでMe262を送り出す計画だったというから、驚くほかはない。

↓　このMe262A-1aは、森林工場で完成したのち、実戦出動に備えていた機体らしく、高速道路から森の中の駐機場までの、丸太を敷いた誘導路上にあった。製造番号111759からみて、クノ工場製のようだ。機首に記入された〝OHIO〟は、接収した米軍兵士が記入したもの。

Heinkel He162

ハインケル He162

↑　本土防空が危機的状況に陥った1944年９月、Me262を補佐する戦力として、もっと安価で大量生産ができる簡易・小型の単発ジェット戦闘機を、という空軍の切歯詰まった要求に応じて、各社設計案を退けて採用されたのが、〝フォルクス・イエーガー〟（国民戦闘機）の通称名で呼ばれたハインケルHe162である。写真は、試作発注から３ヵ月という、信じ難い短期間の作業で完成した、原型１号機。BMW003Aターボジェットエンジン（推力800kg）を背中に配置し、木製の主翼、双垂直尾翼をもつ、いかにも緊急開発機らしいフォルムである。

↓　ドイツ敗戦時、デンマーク国境に近いレック基地に展開し、本格的な実戦活動に入る寸前だった、最初の装備部隊、第１戦闘航空団第Ⅰ飛行隊のHe162A-2群。写真は、進駐してくる英地上軍に引き渡すため、エプロンをはさんで両側に並べられた際の光景。

↑　前上方から見たHe162A-2。そもそも、本機の狙いは、操縦が容易で、ヒトラー・ユーゲント（少年兵士）のような年少者でも、速成訓練しただけで乗りこなせる機体ということであった。しかし、実際に完成してみると、超短期間で実現しなければならないための、特異な設計が災して、かなりの熟練パイロットでないと乗りこなせない、きわめて操縦の難しい機体であることが判明した。しかし、もう改設計している余裕はなく、最少限の手直しを加えただけで、緊急大量生産に突入した。ともあれ、ジェットエンジンの威力で、最高速度は830㎞/hも出たので、防空戦闘機として充分に通用する性能であることは確かだった。

23

〔見開き3枚とも〕 ドイツ敗戦時、レック基地に展開していた、第1戦闘航空団第Ⅰ飛行隊のHe162A-2群を指揮する立場にあった、同航空団司令官、ヘルベルト・イーレフェルト大佐の乗機、製造番号120230、機番号“白の23”。戦後、米国に輸送され、ライトフィールドの陸軍航空隊基地にて調査された際の記録写真である。それぞれのアングルから見れば見るほど、特異な設計であることが実感としてわかる。主翼端が下方に折れ曲がっているのは、横方向の安定性を維持するためで、助言者は、Me163生みの親として有名なリピッシュ博士である。操縦室のすぐうしろにエンジンの吸気口があるため、パイロットの非常時脱出用に、火薬式射出座席を備えていた。空軍は、主翼、垂直尾翼を造る全国の家具工場も総動員し、1945年4月までに1,000機を調達する計画を掲げたが、敗戦までに完成したのは約240機で、そのうち、約70機がⅠ./JG1に配備され、実戦活動を開始したところで終わってしまった。

Messerschmitt Me163〝Komet〞 メッサーシュミット Me163〝コメート〞

↑↓　航空史上唯一の実用ロケット戦闘機として、Me163の名はあまねく知れわたっているが、はっきり言って航空兵器としては失敗作であった。それは、機体設計云々ではなく、動力として用いた液体燃料ロケットエンジンのためである。従来のレシプロ機と隔絶する、無類の上昇力（高度１万メートルまでわずか３分）、超高速（950㎞/h）は確かに魅力的ではあったが、エンジン稼動時間がたったの数分間しかなく、行動半径が40kmしかないというのでは、局点防空戦闘機としてでさえも、その効果は期待薄であった。しかも、常に爆発の危険がつきまとう燃料の取り扱いの難しさ、着陸後の自力行動が不可能など、兵器としての大きな欠陥をいくつも内包していたのだ。それにもかかわらず、ドイツ空軍が本機にすがったのは、在英米陸軍航空隊の四発重爆の脅威が大きかったために他ならない。写真は1941年はじめに初飛行した、事実上の原型１号機Me163AV1。のちの生産型Me163Bとは、エンジンも機体も異なる。

← ヴァルターHWK-109／509Aロケットエンジンの轟音を響かせながら、離陸滑走する、生産前型Me163B-0、第18号機、コード“VA+SP”。全長わずか5.9mの胴体内には、主車輪を収めるスペースすら無く、離陸時は、車輪を付けたドリーで行ない、機体が浮揚した直後にこれを切り離して投下するという方法を採った。着陸は、写真でドリーの前方に見える、胴体下面の橇を出して行なった。

→ 上方から見た、生産前型Me163B-0第2号機、コード“VD+EL”。無尾翼という形態そのものは、本機以前にもリピッシュ博士らによっていくつか試作されていたので、Me163だけの“専売特許”ではないが、れっきとした実用機がこれを採用したという点で、やはり特異な存在ではあった。

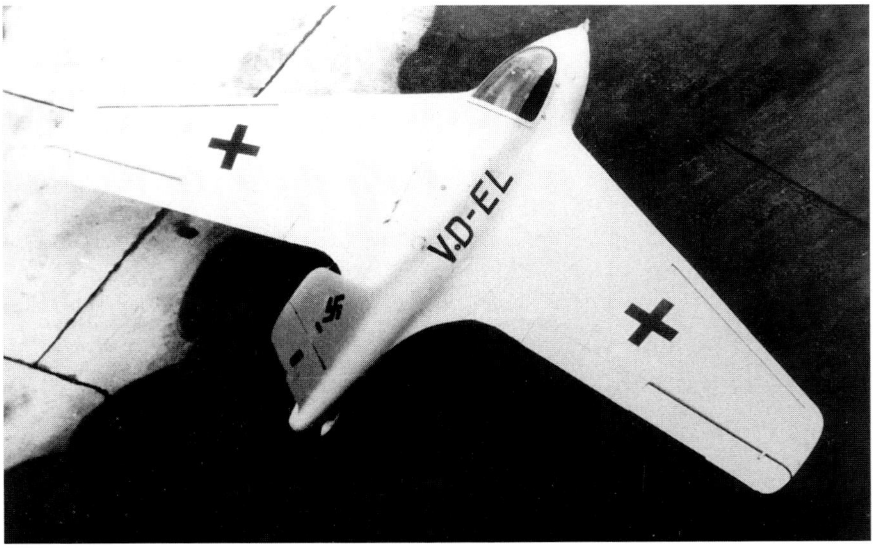

↓ 左真横から見た、Me163B-0第8号機、コード“VD+ER”。前例のない動力、形態のため、生産前型にもかかわらずMe163B-0は合計70機もつくられた。空軍も、実用化には不安を抱いていたのだ。

→ 迷彩を施したMe163B-0第5号機に乗り込む第16実験隊のルドルフ・オーピッツ少尉。彼と比較すれば、機体が非常に小型であることがわかる。飛行服は、人体に危険な燃料（触れると溶解してしまう）から身を守るため、アスベスト・ミポラム石綿織維製の特別服。第16実験隊は、Me163の実用試験を担当した。

↓ 上写真に続くショットで、地上員により風防が閉じられ、操縦室内のオーピッツ少尉が、エンジン始動の前に各計器を確認している。危険な燃料が漏れた際に備え、Me163のパイロットは、操縦室に入ったら酸素マスクを必ず着用した。

↓ 胴体尾端のロケットノズルから、特徴的な青白い炎を噴き出しつつ、離陸スタートした第16実験隊のMe163B-0。1941年に原型機が初飛行したにもかかわらず、生産機に搭載するべき高出力のHWK-109/509Aロケットエンジンの実用化が大幅に遅れたため、最初の実戦部隊、第400戦闘航空団第I飛行隊が、どうにか実戦参加可能になったのは、1944年夏のことであった。

↑〔上２枚〕 戦後、調査・研究のために米国に送られた、Me163B-1a、製造番号191301。本機が実戦に参加し始めたとき、連合軍側はその驚異的な上昇力と高速に大きなショックをうけたが、間もなく、行動圏がきわめて小さいことを見抜き、Ⅰ./JG400が展開する２つの基地を避けて通るようになると、Me163は会敵するチャンスさえも持てなくなった。基地を移動しようにも、特殊な燃料を補給、保管でき、舗装された滑走路をもつ基地など、他にはほとんどなかったから、もうお手上げであった。敗戦までに完成したMe163Bは、約280機、そして、このうちの実に100機近くが燃料爆発、離着陸時の事故などで失われ、その見返りに得た戦果はたった撃墜７機。惨憺たる結果に終わった。

ドイツ無尾翼機の権威リピッシュ博士

野原　茂

Ｂｆ１０９を生んだヴィリー・メッサーシュミット博士、Ｆｗ１９０を生んだクルト・タンク博士、Ｄｏ３３５を生んだクローディウス・ドルニエ博士など、ドイツには、機体名といっしょに必ず名前が紹介される、優れた航空機設計者が何人もいた。

　これらの著名な設計者に比べれば、一般には知名度が低いが、航空機発達史という面において、必ずといっていいほど紹介される人物がいる。その人物こそ、特異なロケット戦闘機Ｍｅ１６３を生んだ、アレクサンダー・リピッシュ博士である。

　彼は、航空機製造メーカーの設計者という立場ではなく、フリーの立場で航空機研究にうち込んでおり、しかも、一貫して無尾翼機だけに絞っていたという点でも、きわめて異色であった。したがって、航空機設計者というよりもむしろ、航空機形態研究者と言ったほうが適切かもしれない。

　Ｍｅ１６３誕生のきっかけは、リピッシュが自作の無尾翼グライダーに、当時ようやく試験段階に入った液体燃料ロケットエンジンを搭載し、高速機としての可能性を試してみたいと、空軍に申し入れたことから実現したもの。

　そして、空軍のはからいで、部下10人をつれてメッサーシュミット社に入社し、〝Ｌ〟部門を組織してＭｅ１６３の開発にあたったのである。

　しかし、元来が学者肌のリピッシュと、商才に長けたメッサーシュミットはウマが合わず、しょっちゅう意見が衝突し、これに嫌気がさしたリピッシュは、１９４３年５月にＭｅ１６３の開発を投げ出し、オーストリアのウイーンに去ってしまった。

　ウイーンに去ったあとも、リピッシュは無尾翼形態の研究に没頭し、多くの設計案を考え出した。

　その中で、P.13ａと称した設計案が空軍に注目され、１９４４年末に試作契約をとることに成功した。

　P.13ａは、当時、世界の航空機設計者の誰もが思いつかなかった、ラム・ジェットを動力とする、完全なデルタ無尾翼機で、三角形の主翼の中央に、これまた三角形の垂直翼を立て、パイロットは、この垂直翼の前縁に座るという、前代未聞の形態だった。その姿は、現代のＳＦ映画に出てきてもおかしくない。

　しかし、P.13ａは、前段階の無動力テスト機ＤＭ-１が完成したところで敗戦を迎え、原型機の製作には至らぬまま終わった。

　ただ、石炭の微粉末を燃料にするラム・ジェットそのものが未知の動力であり、戦後もこれが航空機用動力として注目された形跡はないので、P.13ａは否応なく動力変更に迫られたことは間違いない。

　ドイツ敗戦によって、リピッシュの研究も後ろ盾を失い、事実上頓座したが、彼のP.13ａ案は、戦後のジェット時代になって注目され、とくに米空軍がコンベア社に開発させた、一連のデルタ翼機ＸＦ-92、Ｆ-１０２、Ｆ-１０６、Ｂ-58、米海軍がダグラス社に開発させたＦ４Ｄなどは、リピッシュのデルタ無尾翼理論を大いに参考とした。

　その意味において、リピッシュの無尾翼機研究は、むしろ戦後のジェット時代になって、米国で報われたといえる。いわば、彼の発想は、20年早すぎたのだ。

ただひたすら、無尾翼機の研究に没頭した、アレクサンダー・リピッシュ博士（1894～1976）。

メッサーシュミット Me263

Messerschmitt Me263

↑ Me163の、極端に短い航続時間と、自前の降着装置を持たない、着陸後の行動自由のなさは、空軍も開発の早い段階で要改良点として認識していた。そして、Me163Bが完成する前の1942年には、メッサーシュミット社、およびリピッシュ博士の〝L〟部門に対し、上記２点を改善するMe163Dの開発を指示したのである。Me163Dは、巡航用の燃焼室、ノズルを追加して、燃料消費量を抑えた、HWK-109/509C ロケットエンジンを搭載し、胴体、主翼を延長、前車輪式降着装置を備えることが、改良のポイントだった。原型１号機は1944年５月に完成したが、この頃メッサーシュミット社は、他に多くの仕事を抱えてオーバー・ワークだったため、本機の以後の開発はユンカース社に引き継がれることになり、名称もJu248に変更された。写真は、同社により胴体を全面的に再設計し、1944年８月に完成したJu248原型１号機。Me163とはまったく別機のような外観になった。

→ Ju248V1の機首部クローズ・アップ。完全な水滴状風防に変更された操縦室は、与圧キャビン化されている。Ju248は、テストの結果、航続時間が約２倍の15分間に延長されたことが判明、1944年12月に、改めてMe263の名称により、最重点機種として量産に入ることが決定されたが、混乱のため生産機が完成しないうちに敗戦を迎えた。

Horten Ho(Go)229

ホルテン Ho(Go)229

← 1944年12月、Jumo004Bジェットエンジン２基を搭載し、HoIXとして最初の動力飛行に成功した、原型２号機V2。Jumo004は、主翼の中央付近に並列に収め、その間が操縦室になっていた。写真で、前縁に２つの空気取り入れ口が見えるところが、左右のエンジン位置。V2は、テスト飛行で最高速度1,000km/h(ノ)を出し、空軍はただちにHo229A-1の制式名称を与えて、量産することに決定した。

↙ 1945年４月14日、ゴータ社のフリードリッヒスローデ工場にて、完成目前に、進攻してきた米軍地上部隊に接収された、原型３号機Ho229V3。

リピッシュ博士のデルタ無尾翼理論も凄いが、大戦中のドイツでは、さらに先進的な全翼機形態も、すでに空気力学的に認識され、実際にジェット戦闘機として試作が行なわれていた。ここに紹介したHo(Go)229こそが、その全翼機の〝主〟である。今日、米空軍のステルス爆撃機B-2が、全翼機形態の有効性を如実に示していることを考えると、改めて、大戦中のドイツ航空機設計技術の先進性に舌を巻いてしまう。大袈裟に言えば、50年も時代を先取りしていたのだから……。紫電改、烈風、五式戦などレシプロ機の実戦化に汲々としていた、当時の日本の陸海軍、航空機メーカーなどには、まったく夢のような話であった。

↑↓ 1944年２月、空力特性テスト用機として完成した、動力なしの滑空機原型１号機HoIXV1。まるで、魚のエイに車輪を付けたような外観は、当時レシプロエンジン搭載の通常形態を見馴れた目には、さぞ奇異に映ったことだろう。この先進的全翼機を設計したのは、当時、ドイツ航空界ではほとんど無名に等しい、ホルテン兄弟（兄ヴァルターは29歳、弟ライマールは27歳）だったことも驚きである。もっとも、彼らは、すでに10代の頃から模型を使ったりして、全翼形態の研究に没頭していたというから、キャリアはそれなりにあった。この１号機によるテストでは、空力的に問題がないことが確認され、ただちにジェットエンジンを搭載する原型２号機V2の製作が急がれた。下写真は、ドイツ敗戦当時、ポルツエン基地のハンガー内に、分解された状態で保管されていた１号機。

↑〔上２枚〕 戦後、調査・研究対象の１機として米国に送られた、Ho229V3。外翼が取り外されているが、在来機とまったく趣きを異にする、全翼形態の片鱗はうかがい知れる。２基のJumo004Bジェットエンジンの間隔はきわめて狭く、主翼基準線に対し、かなり下向きの角度で装備されていることがわかる。下写真では、エンジン後方の主翼表面が排気ススで汚れており、この３号機が何回かエンジン試運転をしていたことを物語っている。それにしても、こんな未来的形態のジェット機が実際に飛行し、しかも1,000km/hという、Me163をも凌ぐ超高速を記録していたというのだから、恐れ入ってしまう。なお、ホルテン兄弟は自前の生産工場を持っていなかったので、Ho229の生産はゴータ社、およびクレム社が担当し、最初の生産型A-1は、合計93機つくられることになっていた。しかし、時すでに遅く、生産機が完成する前に敗戦を迎えた。文献によっては、本機をGo229と表記しているのは、上記のような経緯のため。

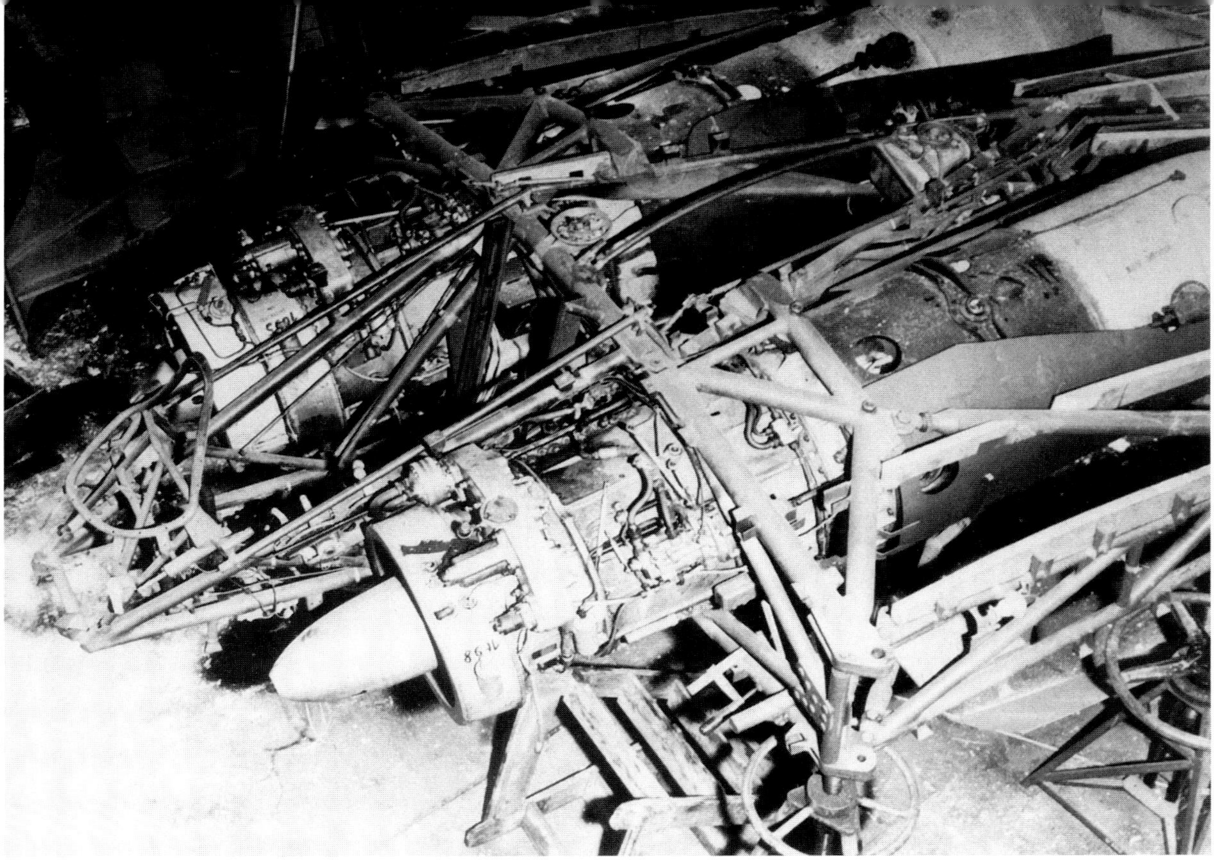

↑〔上２枚〕 P.115のHo229V3と同時に、ゴータ社フリードリッヒスローデ工場において、組み立て途中で米軍に接収された、原型６号機Ho229V6。上写真は、エンジンと操縦室付近で、骨組みは鋼管で構成されていることがわかる。左右エンジンの前部に挟まれた部分が操縦室だが、設計、性能の凄さはともかく、パイロットの、エンジン騒音に耐える精神力も並大抵ではなかったろう。左右エンジンの外側の主翼内に、MK103 30㎜機関砲各１門が標準武装になる予定だった。本機は、その開発時期からして、ジュラルミン材の使用は極力節約され、下写真でわかるように、中央翼の後方の一部、外翼は、骨組み、外皮ともに木製だった。先進的な全翼機が木製とは、なんとも不思議な感じではある。

Messerschmitt MeP.1101

メッサーシュミット MeP.1101

↑　大戦末期のドイツ空軍戦闘機試作計画は、もうほとんどジェットエンジン搭載が前提になった感があり、1944年12月に決定された最後の競争試作“緊急戦闘機計画”も、当然、第II世代のターボジェットエンジン、ハインケル・ヒルトHeS011（推力1,300kg）1基搭載を前提にした。この競・試に勝ち残ったのはフォッケウルフ社のTa183だったが、同機は細部設計が全部終わらないうちに敗戦となり、原型機の完成にまで至らなかった。このTa183とは別に、緊急戦闘機計画の一還として、それ以前にメッサーシュミット社が開発に取り組んでいた、P.1101案と呼ばれたジェット戦闘機が、同社オーバーアムメルガウ疎開工場内で、完成目前だった。この2枚の写真は、1945年4月29日に米軍に接収された直後のP.1101で、ほぼ80%完成状態にあった。すでに、1950年代に登場する米、ソのジェット戦闘機の形態を備えており、本機もP.13aやHo229と同様、ドイツ航空機設計技術の先進性を如実に示す機体のひとつである。戦後、本機を調査した米国は、ベル社に対し、まったくのデッド・コピー機X-5を製作させたほどだ。

バッフェム Ba349〝ナッター〟 Bachem Ba349〝Natter〟

← 敵爆撃機編隊が上空に迫ってきたら、今日のスペースシャトルのように、垂直に立てられた発射台から、ロケット・ブースターに点火して発進、所定の高度に達したら、機体のロケットエンジン（HWK-109/509A）を始動し高速で降下しつつ、機首に装備した55㎜、または73㎜空対空ロケット弾を斉射して敵爆撃機を攻撃する。そして一定の高度まで降下したら、機体を操縦室のうしろで２つに切り離し、パイロットは脱出してパラシュートにより生還、ロケットエンジンを内包する機体後部も、パラシュートにより降下させて回収する。こんな、SF映画もどきの〝有人ミサイル戦闘機〟構想に基づいて試作されたのが、Ba349である。写真は、発射台に固定された、無人の発射テスト機BPM21。全木製である。ちなみに、通称の〝ナッター〟とは〝まむし〟の意。

↓ Ba349の内部構造図。全長5.7m、全幅3.6mという超小型機で、胴体内は、先端がロケット弾収納部、次に操縦室、燃料タンク、ロケットエンジンという順序で配置されている。ロケットエンジンは、Me163が搭載したのと同じHWK-109/509A（推力1,700㎏）である。

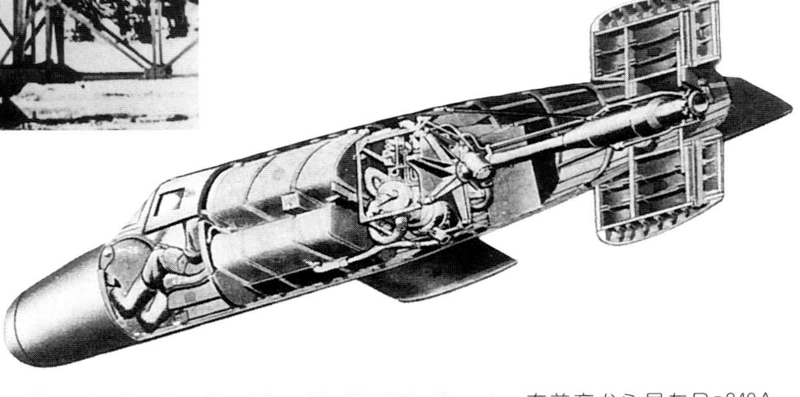

← 左前方から見たBa349A。機首先端に、24発の〝フェーン〟73㎜ロケット弾の頭部がのぞいている。Ba349は、1944年７月に緊急試作が決定し、応募４社案のなかからバッフェム社のBP20案が採用され、Ba349の制式名称が付与された。しかし、Me163の例からも想像できるように、同機以上に行動範囲が狭いBa349が、実戦でどれほどの働きが出来たかは疑わしい。敗戦までに10機程度が完成し、キルヒハイム周辺に配備されたといわれるが、一度も実際に使われないまま終わった。しょせん、追い詰められたドイツでしか生まれない、キワモノ兵器にすぎなかったといえる。

第二次大戦における ドイツ空軍の戦闘機エース

野原　茂

第一次大戦中のフランス陸軍航空隊で生まれた、エース〝Ａｃｅ〟――敵機５機撃墜以上のパイロットに対する名誉称号――という言葉は、その後に各国陸海軍が公式に規定したわけではないが、戦闘機パイロットにとって、ひとつの目標であったことは事実だ。

日本陸海軍のように、パイロット個人の撃墜数を厳密に記録せず、あくまで部隊の総合戦果という形で扱ったような例外もあるが、撃墜数が多ければ、それだけ上級の勲功章受章の対象となり、昇進にも影響したというのは欧米に共通の現象である。

とくに、第二次大戦中のドイツは、〝エース〟という称号こそ、公式には存在しなかったが、戦闘機パイロットにとって、撃墜機数こそが実力評価のすべてであり、士官、下士官、兵の違いに関係なく勲功章の対象になり、若年といえど階級の進級も早く、より上部の組織の指揮官に抜擢される早道だった。

こうした背景と、第二次大戦中のドイツ戦闘機隊をとり巻いた状況、すなわち、常に数の面で上まわる敵を相手に、１日に何回も出撃（東部戦線では5~6回は日常的にあった）したという事実と相埃って、連合軍、ソ連軍では想像もできないような、それこそ天文学的撃墜数を達成した、いわゆるスーパー・エースと呼ばれるパイロットが数多く輩出した。

第１位のハルトマンは３５２機、２位のバルクホルンは３０１機、３位のラルは２７５機、４位のキッテルは２６７機、５位のノヴォトニーは２５８機という具合で、上位10人だけで、総合戦果は実に２５００機を超えてしまう。

ちなみに、米陸軍の１位はボングの40機、２位は38機のマクガイア、３位はガブレスキの28機、同位のジョンソンも28機、米海軍の１位はマッキャンベルの34機、２位はハリスの24機という具合で、イギリス、ソ連でもほぼ同じようなレベルだった。

ドイツ敗戦後、連合軍側はこうした、自分たちとあまりにもかけ離れたドイツ・エースの撃墜数は、常識では考えられず、ナチスの誇大プロパガンダではないかと反論した。

→　1944年８月24日、前人未踏の通算300機撃墜を達成し、ルーマニアのバラノフ基地に戻ってきた、エーリヒ・ハルトマン中尉。乗機はBf109G-6。当時、彼は若冠22歳にすぎなかったが、実績がモノを言い、9./JG52の中隊長職にあった。

←　1944年２月13日、通算250機撃墜を達成し、乗機Bf109G-6にそれを示すプラカードを下げて、地上員とともにシャンペンで乾杯する、ゲルハルト・バルクホルン大尉。

しかし、その後の航空史研究家たちの綿密な調査により、これらの数字はデタラメでもなんでもなく、むしろ連合軍側よりも、ずっと厳しい査定によって公認されたものであることが判明した。要するに、列機、もしくはいっしょに出撃した編隊の誰かが確認してくれなかったものは、認められなかったのである。

　だから、ハルトマンやバルクホルンらには公認に至らなかった、いわゆる未確認撃墜が少なからずあり、実際の撃墜数はもっと多かった可能性が大なのだ。

　こうした上位エースのほとんどが、ソ連空軍を相手にした東部戦線に配属されており、だからこそ、２００〜３００機という多数機撃墜が可能だったといえる。ソ連機は、低空を這うように、いたるところに飛んでおり、目標に事欠くことはなかった。飛行場を離陸して、10分も飛べば、もう戦場であり、1日に5回、6回と出撃しても、体力的には耐えられる。

　航空史研究家たちが注目したのは、この驚異的な出撃回数の多さだ。ハルトマンは８００回を数え、バルクホルンに至っては実に１１０４回、ノヴォトニーの４４２回は最も少ないほうで、7位のルドルファー、8位のベーアもともに１０００回に達していた。

　これに対し、連合軍側では上位エースのほとんどが、多くて１５０回程度にとどまっており、いくら実力があっても撃墜数が多くならないのは当然だった。裏を返せば、連合軍側はそれだけ戦力に余裕があったわけで、スーパー・エースが多く輩出したからといって、必ずしもそれが勝利に結びつくというわけではない。

　このことと関連するが、連合軍側ではスーパー・エースこそ存在しないが、逆に5機撃墜に達しなかったパイロット、もしくは〝エースの〟資格スレスレといった、いわば無名の〝中堅実力者〟が、それこそドイツの何倍もいた。彼らが、実際には航空戦勝利の重要な鍵を握っていたのだ。

　ドイツ空軍は、スーパー・エースを輩出した反面、とくに大戦後半は訓練不足の新米パイロットが大半を占めるようになり、連合軍、ソ連軍パイロットたちの撃墜記録達成に貢献してしまった事実もある。

　ともあれ、ドイツ空軍エースは、良きにつけ悪しきにつけ、戦闘機隊の興亡の足跡そのものであり、今もって、世界中の航空史家たちの、研究の重要なテーマである。

↑　北アフリカ戦線における大エース、ハンス・ヨアヒム・マルセイユ中尉。〝アフリカの星〟の異名で国民的英雄となるが、不運な事故であっけなく他界した。通算158機撃墜は、米、英相手のエースとしては第１位の記録。

→　東部戦線で250機撃墜を達成し、のちに世界最初のジェット戦闘機隊〝ノヴォトニー隊〟の指揮官となった、ヴァルター・ノヴォトニー少佐。

ドイツ空軍昼間戦闘機隊エース・リスト

＊印は戦死
（100機以上に限る）

氏名	最終階級	撃墜数	所属・出撃回数	
アドルフ・ディックフェルト Adolf Dickfeld	大佐	132	JG52、2、11	—
アドルフ・ボルヘルス Adolf Borchers	少佐	132	JG51、52	800m
*エルヴィン・クラウゼン Erwin Clausen	少佐	132	LG2、JG77、11	561m
*ヴィルヘルム・レムケ Wilhelm Lemke	大尉	131	JG3	617m
*ヴァルター・エーザウ Walter Oesau	大佐	130	JG51、3、2、1	430m
*ゲルハルト・ホフマン Gerhard Hoffmann	少尉	130	JG52、EJG1	—
*ハインリッヒ・シュテール Heinrich Sterr	中尉	129	JG54	—
フランツ・アイゼナッハ Franz Eisenach	少佐	129	ZG76、JG1、54	317m
ヴァルター・ダール Walther Dahl	大佐	129	JG3、300	678m
フランツ・デール Franz Dörr	大尉	128	JG5	437m
*ヨーゼフ・ツヴェルネマン Josef Zwernemann	中尉	126	JG52、77、11	600m
ディートリヒ・フラバク Dietrich Hrabak	大佐	125	JG54、52	1,000m
*ヴォルフ・エッテル Wolf Ettel	中尉	124	JG3、27	250m
*ヴォルフガング・トネ Wolfgang Tonne	大尉	122	JG53	641m
ハインツ・マルカルト Heinz Marquardt	准尉	121	JG51	320m
*ローベルト・ヴァイス Robert Weiβ	大尉	121	JG26、54	471m
*エリッヒ・ライエ Erich Leie	中佐	121	JG2、51、77	500m
フリードリッヒ・オブレーザー Friedrich Obleser	中尉	120	JG52	500m
フランツ・ヨーゼフ・ベーレンブロク Franz-Josef Beerenbrock	少尉	117	JG51	400m
*ハンス・ヨアヒム・ビルクナー Hans-Joachim Birkner	少尉	117	JG52	284m
*ヤコプ・ノルツ Jakob Norz	少尉	117	JG5	332m
*ハインツ・ヴェルニッケ Heinz Wernicke	少尉	117	JG54	—
*アウグスト・ランベルト August Lambert	中尉	116	JG2、151、77	350m
*ヴェルナー・メルダース Werner Mölders	大佐	115	JG53、51	400m
ヴィルヘルム・クリニウス Wilhelm Crinius	少尉	114	JG53	400m
ヴェルナー・シュレーア Werner Schroer	少佐	114	JG27、54、3	197m
*ハンス・ダマース Hans Dammers	少尉	113	JG52	—
*ベルトルト・コルツ Berthold Korts	少尉	113	JG52	—
クルト・ビューリゲン Kurt Bühligen	中佐	112	JG2	700m
*クルト・ウッベン Kurt Ubben	少佐	110	JG77	500m
フランツ・ヴォイディヒ Franz Woidich	中尉	110	JG27、41、400	1,000m
ラインハルト・ザイラー Reinhard Seiler	少佐	109	JG54、104	500m
*エミール・ビッシュ Emil Bitsch	大尉	108	JG3	—
ハンス・ハーン Hans Hahn	少佐	108	JG2、54	560m
*ギュンター・リュッツォウ Günther Lützow	大佐	108	JG3、JV44	300m
フィクトール・バウアー Viktor Bauer	少佐	106	JG2、3	400m
ヴェルナー・ルーカス Werner Lucas	大尉	106	JG3	—
エーベルハルト・フォン・ボレムスキ Eberhard von Boremski	大尉	104	JG3	630m
ハインツ・ザクゼンベルク Heinz Sachsenberg	少尉	104	JG51、JV44	520m
アドルフ・ガーラント Adolf Galland	中将	103	LG2、JG27、26、JV44	705m
ハルトマン・グラッサー Hartmann Grasser	少佐	103	ZG2、JG51、11、210	700m
ジークフリート・フライターク Siegfried Freytag	少佐	102	JG77、7	879m
*フリードリッヒ・ガイスハルト Friedrich Geiβhardt	大尉	102	LG2、JG77、26	642m
*エゴン・マイヤー Egon Mayer	中佐	102	JG2	353m
*マックス・ヘルムート・オステルマン Max-Hellmuth Ostermann	中尉	102	ZG1、JG54	300m
ヘルベルト・ロールヴァーゲ Herbert Rollwage	中尉	102	JG53、106	664m
*ヨーゼフ・ヴェルムヘラー Josef Wurmheller	少佐	102	JG53、2	300m
*ルドルフ・ミーティク Rudolf Miethig	大尉	101	JG52	—
ヨーゼフ・プリラー Josef Priller	大佐	101	JG51、26	307m
ウルリッヒ・ヴェルニッツ Ulrich Wernitz	少尉	101	JG54	250m

氏名	最終階級	撃墜数	所属・出撃回数	
エーリッヒ・ハルトマン Erich Hartmann	大尉	352	JG52	800m
ゲルハルト・バルクホルン Gerhard Barkhorn	少佐	301	JG52	1,104m
ギュンター・ラル Günther Rall	少佐	275	JG52、11、6、300	621m
*オットー・キッテル Otto Kittel	中尉	267	JG54	583m
*ヴァルター・ノヴォトニー Walter Nowotny	少佐	258	JG54、KN	442m
ヴィルヘルム・バッツ Wilhelm Batz	少佐	237	JG52	445m
エーリッヒ・ルドルファー Erich Rudorffer	少佐	224	JG2、54、7	1,000m
ハインツ・ベーア Heinz Bär	中佐	221	JG51、71、1、3、JV44	1,000m
ヘルマン・グラーフ Hermann Graf	大佐	212	JG52、11	830m
ハインリッヒ・エールラー Heinrich Ehrler	少佐	208	JG5、7	400m
テーオドール・ヴァイセンベルガー Theodor Weiβenberger	少佐	208	JG77、5、7	500m
*ハンス・フィリップ Hans Philipp	中佐	206	JG76、54、1	500m
ヴァルター・シュック Walter Schuck	中尉	206	JG5、7	500m
*アントーン・ハフナー Anton Hafner	中尉	204	JG51	795m
ヘルムート・リップヘルト Helmut Lipfert	大尉	203	JG52、53	700m
ヴァルター・クルピンスキ Walter Krupinski	少佐	197	JG52、5、11、26、JV44	1,100m
アントーン・ハックル Anton Hackl	少佐	192	JG77、11、76、300	1,000m
ヨアヒム・ブレンデル Joachim Brendel	大尉	189	JG51	950m
マックス・シュトッツ Max Stotz	大尉	189	JG54	700m
*ヨアヒム・キルシュナー Jochim Kirschner	大尉	188	JG3、27	600m
*クルト・ブレンドル Kurt Brändle	少佐	180	JG53、3	700m
ギュンター・ヨステン Günther Josten	中尉	178	JG51	420m
ヨハネス・シュタインホフ Johannes Steinhoff	大佐	178	JG26、52、77、7	993m
エルンスト・ヴィルヘルム・ライネルト Ernst-Wilhelm Reinert	中尉	174	JG77、27	715m
ギュンター・シャック Günther Schack	大尉	174	JG51、3	780m
*ハインツ・シュミット Heinz Schmidt	大尉	173	JG52	700m
*エミール・ランク Emil Lang	大尉	173	JG54、26	403m
*ホルスト・アデマイト Horst Ademeit	少佐	166	JG54	600m
*ヴォルフ・ディートリッヒ・ヴィルケ Wolf-Dietrich Wilcke	大佐	162	JG53、3	732m
*ハンス・ヨアヒム・マルセイユ Han-Joachim Marseille	大尉	158	LG 2、JG52、27	382m
*ハインリッヒ・シュツルム Heinrich Sturm	大尉	158	JG52	—
ゲルハルト・ティベン Gerhard Thyben	中尉	157	JG3、54	385m
ペーター・デットマン Peter Düttmann	少尉	152	JG52	398m
*ハンス・バイスヴェンガー Hans Beiβwenger	中尉	152	JG54	500m
ゴードン・ゴロプ Gordon M. Gollob	大佐	150	ZG76、JG3、77	340m
フリッツ・テクトマイヤー Fritz Tegtmeier	少尉	146	JG54、7	530m
*アルビン・ヴォルフ Albin Wolf	中尉	144	JG54	—
クルト・タンツァー Kurt Tanzer	中尉	143	JG51	723m
*フリドリッヒ・カール・ミューラー Friedrich-Karl Müller	中佐	140	JG53、3	600m
カール・グラッツ Karl Gratz	少尉	138	JG52、2	900m
*ハインリッヒ・ゼッツ Heinrich Setz	少佐	138	JG77、27	274m
ルドルフ・トレンケル Rudolf Trenkel	大尉	138	JG77、52	500m
ヴァルター・ヴォルフラム Walter Wolfrum	中尉	137	JG52	424m
*オットー・フェネコルト Otto Fönnekold	中尉	136	JG52	600m
*カール・ハインツ・ヴェーバー Kerz-Heinz Weber	少佐	136	JG51、1	500m
*ヨアヒム・ミュンヘベルク Joachim Müncheberg	少佐	135	JG26、51、77	500m
*ハンス・ヴァルトマン Hans Waldmann	中尉	134	JG52、7	527m
アルフレット・グリスラフスキ Alfred Grislawski	大尉	133	JG52、J.Gr.50、1、53	800m
ヨハネス・ヴィーゼ Johannes Wiese	少佐	133	JG52、77	480m
*フランツ・シャル Franz Schall	大尉	133	JG52、KN、7	550m
ヘルベルト・イーレフェルト Herbert Ihlefeld	大佐	132	JG77、52、103、25、11、1	1,000m

夜間戦闘機

Nachtjagdflugzeug

Ju 88 G-6

↓　夕暮れ前に、哨戒飛行に発進する第４夜間戦闘航空団第Ⅲ飛行隊所属のBf110E-1。1940年６月に発足した夜戦航空団は、夜間行動時に目立たぬよう、装備機の標準塗装を、写真の各機のごとく全面黒とした。機体の装備は、昼間駆逐機とまったく同じだった。

↑　夜間出撃に備え、日中から燃料補給などの準備に追われる、第１夜間戦闘航空団第Ⅱ飛行隊所属のBf110E-1。1940年夏の英本土航空決戦にて、駆逐機構想の夢を破られたBf110が、まず最初の転用先として活路を見い出したのが、夜間戦闘機であった。

← 1941年夏、地中海上空をパトロールする、第3夜間戦闘航空団第Ⅰ飛行隊第1中隊所属のBf110D、コード“L1+CH”。全面黒塗装の胴体後部に、戦術識別用の白帯を記入していて、迷彩の効果を減殺している。そもそも、地中海、北アフリカ戦線では、夜間戦闘機の必要性は低かったのだが、駆逐航空団の戦力が手薄だったため、同じBf110装備のNJG3の1個中隊を、補助戦力として派遣したというのが実情。

→ 上面をライトグレイ、下面を黒に塗った、第1夜間戦闘航空団第Ⅲ飛行隊第7中隊所属のBf110F-4が、本土防空の昼間戦闘機戦力不足の穴埋めとして、昼間出撃するシーン。しかし、この措置は、肉薄攻撃を常とする夜戦パイロットの習性が災いし、敵爆撃機の防御機銃によって、貴重な熟練者を多数失う結果となり、夜戦部隊にとってかなりの痛手となった。

← 1943年初夏、雲海上空を昼間パトロールする、第3夜間戦闘航空団第Ⅲ飛行隊第9中隊所属の、Bf110G-2/M3、コード“D5+LT”。ドイツ夜戦にとって、最初の実用機上レーダー、FuG202“リヒテンシュタインBC”を搭載しており、そのアンテナが機首先端に取り付けられている。

← 1945年４月２日、米軍地上部隊の急進撃に、後退も破壊・処分も間に合わず、ドイツ国内フリッツラー基地で接収された、もと第１夜間戦闘航空団第Ⅲ飛行隊第９中隊所属のBf110G-4群。いずれの機も、FuG220 "リヒテンシュタインSN-2d" 機上レーダーを搭載した後期生産機である。機首のアンテナはきわめて大きく、"鹿の角" と仇名され、かなりの速度低下をもたらしたが、これなくして夜間戦闘は成り立たない。

← これも上写真と同じく、フリッツラー基地の格納庫内で米軍地上部隊に接収された、Ⅲ./NJG1所属のBf110G-4。すでに、重要機器であるFuG220レーダーは取り外されたらしく、アンテナも基部だけ残しダイポールは取り外されている。G-4は夜戦専用型として開発されただけに、その能力は高かったが、諸々の装備品追加と、乗員３名（レーダー・オペレーターが搭乗）になったために重量が大幅に増加し、飛行性能は相当に低下していた。

160128

を併載しており、機首先端の中央にそのアンテナを付けている。胴体下面の大型爆弾ラックが、夜戦には不似合いだが、これは敗戦間近に、東西から迫り来る連合軍、ソ連軍地上部隊の攻撃に、夜戦隊も駆り出されたためである。なお、夜戦専用型Bf110G-4の生産数は1,850機である。

↑　戦後、調査・研究対象機として、英国に運び込まれた、もと第 3 夜間戦闘航空団第 I 飛行隊第 2 中隊所属の、Bf110G-4、製造番号730037、コード "D5+DK"。きわめて鮮明な写真で、本機の複雑なディテールを余すところなく捉えた、資料性の高い一葉。本機は、FuG220の初期タイプ "リヒテンシュタインSN-2b" レーダー装備のため、最小有効距離が500mと遠かったのを補う目的で、FuG212 "リヒテンシュタインC-1" レーダー

ドイツ夜戦の機上レーダー

野原　茂

漆黒の夜空で敵機を追う夜戦にとって、機上レーダーは〝眼〟に等しい存在である。レーダーなくして、効果的な夜間迎撃は不可能と言ってよい。

しかし、〝技術王国〟を自負するドイツにしても、機上レーダーの開発、実用化は難航し、最初の実用型ＦｕＧ２０２〝リヒテンシュタインＢＣ〟が、ようやく各夜戦隊に導入され、実戦で効果を表わし始めたのは、１９４２年6月頃であった。

当時、機上レーダーの開発において、世界をリードしていたのは英国で、この頃、すでに高性能のマイクロ波長レーダーを実用化していた。ドイツはやや遅れをとり、ＦｕＧ２０２は、妨害をうけやすいメートル波長を使用し、スコープも現代のようなＰＰＩ方式ではなく、陰極線管表示式で、その画像から敵機の存在を読み取るにも、かなりの訓練を要した。

１９４３年に入ると、ＦｕＧ２０２を改良したＦｕＧ２１２〝リヒテンシュタインＣ-１〟も使用されるようになったが、両レーダーは、よく知られるように、同年7月末のハンブルク大空襲の折、英空軍が初めて実施したレーダー妨害工作〝ウインドウ〟（短冊状の紙片にアルミ箔を貼ったものを大量に空中にバラ撒き、レーダー電波を反射させ、スコープ上に無数の輝点を写し出して、機体の存在を隠してしまう方法）により、その効果を減殺されてしまった。

ドイツ夜戦隊は、一時的にパニック状態に陥ったが、幸い１９４３年10月には、ウインドウに妨害されにくい、新型ＦｕＧ２２０〝リヒテンシュタインＳＮ-２〟が登場して、１９４４年春にかけて、本レーダーを駆使しドイツ夜戦隊は、英空軍爆撃機軍団に対し、かつてない大損害を与えることに成功する。

しかし、ＦｕＧ２２０も１９４４年秋には妨害措置をとられて効力を失い、周波数選択方式を採ったＦｕＧ２１８〝ネプツーン〟も、やがて英軍にその真相をつかまれて妨害されるようになってしまった。

１９４５年に入り、イギリスに遅

← FuG220とFuG212を併載した、Ju88C-6夜戦のアンテナ。初期のFuG220は、最小有効距離が500mと遠い、すなわち接近した敵機を捕捉しにくかったゆえの、FuG212の併用である。

↓ 最初の実用機上レーダー、FuG202を搭載した、Do217N夜戦のアンテナ。送受信それぞれ２本のアンテナをもつ、針金細工のようなデリケートな造り。

れること4年、ようやく待望のマイクロ波長レーダー、ＦｕＧ２４０"ベルリン"が実用化にこぎつけたが、時すでに遅く、わずか25台が完成したところで敗戦を迎え、Ｊｕ88 Ｇ-6 10機に搭載されたのみに終わった。

機上レーダーもさることながら、夜戦にとって、あるいはそれ以上に重要なのが、敵機編隊の侵入をいち早くキャッチし、夜戦をその方向に誘導する地上の早期警戒、管制システムの存在だろう。ただやみくもに夜空に飛び上がっても、敵機と接触できない。

この地上レーダーを含めた、早期警戒、管制システムは、秘匿名称"ヒンメルベット"と呼ばれ、デンマークからフランス南部に至る広範囲をカバーし、英本土からの侵入敵機は、ほぼ完璧にキャッチできる態勢が整っていた。

英国は、このヒンメルベット・システムに対しても、様々な妨害を仕掛けて、効力を減殺しようとし、これに対しドイツ側も対抗手段を構じてゆくという、エレクトロニクス版シーソー・ゲームが戦争終結まで続けられた。

いずれにせよ、ヨーロッパ大陸の夜空の死闘は、現代の電子戦の形態を示唆するのもであった。

満足な機上レーダーすら実用化できなかった日本から見れば、まるで異次元の世界の出来事といえる。

← Bf110G-4夜戦の、FuG220 SN-2dレーダー用アンテナ。周波数37.5～118MHzのメートル波を使用するため、アンテナはいちじるしく巨大化し、"鹿の角"と仇名された。

↓ 妨害をうけにくくするため、周波数157～187MHzの範囲内で、6段階に切り換え可能とした、FuG218 "ネプツーンV/R" レーダーのアンテナ。機体はJu88 G-6夜戦。

↙〔下左〕 英国に遅れること4年、1945年に入ってようやく実用化にこぎつけた、周波数3,250～3,330MHzのマイクロ（㎝）波を使う、FuG240 "ベルリン" レーダー。写真は、Ju88 G-6の機首内部に装備されたパラボラ・アンテナ。しかし、わずか25台が完成したところで敗戦を迎え、戦力にならないまま終わった。

Dornier Do17/215/217

ドルニエ Do17,215,217

→ 夜戦隊創設当時、その主力機に予定されたBf110の、数的不足を埋めるために、Ju88とともに爆撃機から夜戦に転用された、Do17Z。機首のガラス窓を金属覆に変更し、ここに7.92㎜機銃3挺、20㎜機関砲1門を装備したことが、爆撃型との主な違い。写真のZ-10型は、これに加え、専用装備として赤外線暗視装置〝シュパナー〟を取り付けており、機首先端に赤外線サーチライトがみえる。

← 上写真と同じDo17Z-10の機首部クローズ・アップ。操縦室の風防正面に突き出した筒が、〝シュパナー〟の暗視筒。しかし、この暗視筒をずっと覗きながら機体を操縦するのは、パイロットにとって容易なことではなく、実戦ではほとんど有効に使われなかった。

↓ Do17Z、およびその後継機Do215Bは、いずれも性能的に見劣りしたため、それぞれ18機、約20機という少数がつくられたのみに終わった。そして、ドルニエ社が両機にかわり、本命の夜戦として送りだしたのが、Do217爆撃機の転用機である。写真は、最初の夜戦専用型Do217Jの、2番目のサブ・タイプJ-2。

← 前ページ下写真と同じ、Do217J-2の機体前部クローズ・アップ。FuG202レーダーを搭載しており、機首にそのアンテナが付いている。Do217Jの武装は、機首に7.92㎜機銃4挺、20㎜機関砲4門と非常に強力で、機体が大柄で重いぶん、飛行性能が少し低いのが難点であったが、それなりに夜戦として通用した。

→ J型に続く、2番目の夜戦専用型Do217Nを左後方より見る。本型は、爆撃機型Do217Mをベースにしており、エンジンが空冷BMW801ML（1,600hp）から、液冷DB603A（1,750hp）に換装されたことが大きな変化である。武装、レーダー装備はJ型と同じ。

← 中写真と同じ、Do217N-1の機体前部クローズ・アップ。Do217夜戦は、1942年3月から就役を開始し、翌1943年9月に生産終了するまでに、J、N型あわせて計364機つくられた（うち約200機がN型）。

ユンカース Ju88

↓ Ju88C、およびR型夜戦が搭載した、FuG202 〝リヒテンシュタインBC〞 機上レーダーのアンテナ。このアンテナに囲まれて、機首中心の右側から３本突き出しているのが7.92㎜機銃銃身。その下方に発射口だけ見えるのが20㎜機関砲である。

↑　1943年5月9日、ノルウェーのクジュビク基地を発進して英本土上空に侵入、偵察を行なっていたが、スピットファイア3機の迎撃をうけて、ダイス基地に不時着、接収された第3夜間戦闘航空団第Ⅳ飛行隊第10中隊所属の、Ju88R-1、製造番号360043、コード“D5+EV”。R型は、C-6のエンジンを液冷Jumo211J（1,420hp）から、空冷BMW801系（1,600～1,700hp）に換装した夜戦専用型だが、生産数はそれほど多くなかった。

→　1941年12月、地中海のシシリー島における、第2夜間戦闘航空団第Ⅰ飛行隊所属のJu88C-4。Do17、215、217と同様の理由により、爆撃機からの転用夜戦となったJu88Cシリーズは、すでにそれ以前から重駆逐機として使われていた。写真のC-4もそうだが、C-6の初期生産機までは、重駆逐機そのままで夜戦隊に配属され、専用夜戦装備はとくに追加されていない。全面黒の夜戦塗装に身を包んでいるのが、唯一の違いといってよかった。

↓　1944年7月13日未明、北海上空のパトロール任務を終えたのち、基地に戻ろうとしたが、航法をミスして、なんと英本土のウッドブリッジ基地に誤着陸してしまい、最新型の電子機器ともども、無傷で英空軍にプレゼントした形になった、もと第2夜間戦闘航空団第Ⅲ飛行隊第7中隊所属のJu88G-1、製造番号712233、コード“4R+UR”。写真は、英空軍乗員によりテスト飛行中の同機。FuG220、およびFuG227両レーダーを搭載していた。

↓ ドイツ降伏の前日、ソ連軍による占領を逃れるため、チェコスロバキアより、米軍支配下にあったドイツ南部の、アウクスブルク飛行場に投降してきた、もと第100夜間戦闘航空団第Ⅰ飛行隊第１中隊所属のJu88G-6、コード〝W7+IH〟。機首のアンテナ形状からもわかるように、FuG218〝ネプツーンV/R〟機上レーダー搭載機である。

↑ 1945年４月上旬、ドイツ国内ランゲンザルツァ基地にて、進攻してきた米軍地上部隊に接収された、Ju88G-6、製造番号623185。ユンカース社工場で完成して間もない、ピカピカの新品機で、おそらく燃料枯渇により、ほとんど飛行しなかったのだろう。機体は、Ju88G-6の後期生産機に共通の、ほとんど白に近い地色に、グレイ系の斑点パターンを吹き付けた夜戦迷彩。胴体中央部の上部に突き出た２本の20㎜砲身は、敵機の下方を平行して飛びながら、致命部に必殺の射弾を叩き込む上方指向砲、いわゆる〝シュレーゲ・ムジーク〟で、ドイツ夜戦の必須装備であった。奇しくも、日本陸海軍が考案した上向砲、および斜め銃と同じ着想である。

← 前ページ上と同じく、ドイツ国内基地にて、進攻してきた米軍地上部隊に接収されたJu88G-6。G-6は、1944年9月から生産に入った、Ju88夜戦の本命で、性能、装備面でBf110G-4を凌ぎ、名実ともにドイツ夜戦隊の主力機になった。

↓ ドイツ南部ミュンヘン市近郊の、ノイビベルク基地において敗戦を迎え、連合軍による焼却、スクラップ処分を待つ、もと第2爆撃航空団第Ⅲ飛行隊第9中隊所属の、Ju88G-6夜戦、コード“U5+IT”。爆撃機隊に夜戦とは妙な感じだが、1945年に入ってからは、夜戦隊も地上攻撃任務に振り向けられており、夜間防空よりもこちらが優先されていたので、爆撃機隊に機材が廻されたこともうなずける。写真の機は、不要のレーダー・アンテナ、排気管の消焔ダンパーを取り外している。

↓ 敗戦直前、わずか10機だけが完成した、マイクロ波長レーダーFuG240“ベルリン”搭載のJu88G-6。“鹿の角”と呼ばれたアンテナはなく、パラボラ・アンテナを内蔵した機首はすっきりしている。しかし、すべては遅きに失した。

Bf109《メッサーシュミット》/Fw190《フォッケウルフ》/Fw189《フォッケウルフ》

↓　夜間迎撃戦を終え、基地に戻ってきた、第300戦闘航空団第II飛行隊所属、クラウス・ブレトシュナイダー少尉（操縦室上の人物）と、乗機Fw190A-6。JG300は、単発夜戦隊の最初の部隊として、1943年6月下旬に編成され、Bf109とFw190を併用した。写真のブレトシュナイダー少尉は、単発夜戦隊のエキスパートの1人で、JG300が1943年末に昼間戦闘機隊に改編されるまでに、計14機の夜間撃墜を記録した。乗機の胴体国籍標識の前方に記入された“N”は、Nacht（夜間）の意。

↑　夜間飛行には、計器を頼りに航法に専念する同乗者、すなわちナビゲーターがどうしても必要であり、必然的に、夜戦は双発、複座以上の機体が望ましかった。しかし、1943年7月末のハンブルク空襲で、英空軍の“ウインドウ”作戦により、防空システムの要であるレーダーが、一時的にマヒしてしまったために、空軍は目視に頼る単発夜間戦闘機隊を投入する。そして、一方ではBf109、Fw190の両単発戦にも、コンパクトな新型機上レーダーを搭載し、夜戦専用型にする計画が具体化した。写真は、Bf109G-6の操縦室後方に、FuG350“ナクソス”ホーミング・レーダーを追加した、夜戦型の試作機。しかし、Bf109自体がきわめて小柄な機体のため、スペース的にも飛行安定上も無理があり、実用化は断念された。

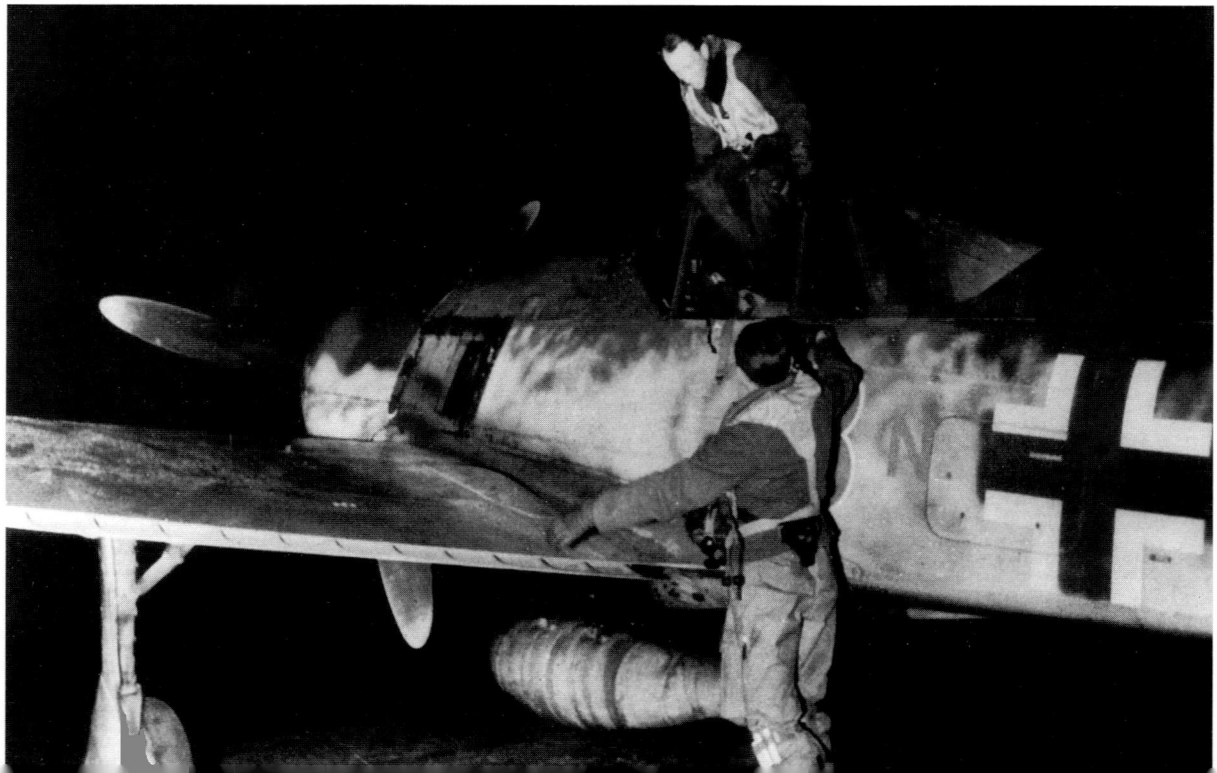

↓　1944年夏、地上員に押されてエプロンに引き出されてきた、第100夜間戦闘航空団所属のFw189A改造夜戦。本来、Fw189Aは戦術偵察機であり、ドイツ本国の夜間戦闘にはとても通用しない性能であるが、NJG100所属ということでもわかるように、ソ連の複葉機（安眠妨害のため、ドイツ軍基地に散発的に飛来して小型爆弾を投下した）、双発爆撃機などを相手にした東部戦線なら、なんとか役に立った。もっとも、正規の改造機はなく、ほとんど現地改造の手製で、数も少なかった。機首にFuG212レーダーのアンテナを付け、風防上部のアンテナ支柱直後に上向きのMG151/20 20㎜機関砲1門〝シュレーゲ・ムジーク〟を装備している。

↑　Bf109よりは、機体が少し大きいFw190は、本格的な機上レーダーを搭載した夜戦専用型が、昼間戦闘機型のサブ・タイプとして一定数つくられた。写真は、1944年1月、新たに編成された第10夜間戦闘飛行隊第1中隊に配属された、Fw190A-6夜戦型、製造番号550143、機番号〝白の11〟。単発機用のFuG217〝ネプツーンJ〟レーダーを搭載しており、機首、後部胴体上面、左翼上面、右翼下面に、それぞれ3本ずつのロッド状アンテナを林立させた、モノモノしい姿である。NJGr.10は、新型電波兵器、各種夜戦装備の実用試験を担当し、のちには第11夜間戦闘航空団へと発展して、正規の実戦部隊となる。

Focke Wulf Ta154"Moskito"

フォッケウルフ Ta154"モスキート"

Bf110、Do17、215、217、Ju88と、発足当初の夜戦隊の装備機は、いずれも他機種からの転用で済ましてきたが、一方で、ドイツ空軍は、専用の新型夜戦も開発しなければならないことを自覚しており、1941年にはハインケル社に対してHe219を、翌年にはフォッケウルフ社に対してTa154をそれぞれ試作発注した。とりわけ、Ta154はドイツ戦闘機としては前例のない、木製機であったことが注目された。これは、当時、英空軍の木製双発爆撃機、デ・ハビランド〝モスキート〟が、非常な高速性能を発揮し、ドイツ空軍を悩ましていたことが大いに影響していた。つまり、Ta154も、同機で成功した木製構造にあやかろうとしたのである。しかし、これはフォッケウルフ社、ドイツ空軍双方とも甘い考えだったことを、のちに痛烈に思い知らされる。

→〔前ページ2枚とも〕 1943年7月1日、設計着手からわずか10ヵ月という短期間で完成し、初飛行にこぎつけた原型1号機Ta154V1。Jumo211F液冷エンジン（1,340hp）を搭載した小柄な双発機で、さすがFw190を生んだクルト・タンク博士の設計によるだけに、空気力学的な洗練が行きとどいた、スマートなスタイルである。当時としては、まだ例が少なかった、前車輪式降着装置も目新しい。上写真の右手前に並ぶ4本の筒は、夜戦には欠かせない排気管の消焔ダンパー。テスト飛行なので取り外している。

↓ 1943年11月25日に初飛行した、原型3号機Ta154V3、コード〝TE+FG〟。本機は、原型機として初めて武装（20㎜機関砲4門）を施し、FuG202レーダーも搭載し、機首先端にそのアンテナを付けている。右主翼下面の小突起は、FuG101電波高度計のアンテナ。写真では、前脚オレオが伸びきった状態で、限界に近い機首上げ姿勢だが、もちろん地上滑走時は、右ページ上の1号機のような水平姿勢になる。

↓　1944年３月から完成し始めた、生産前型Ta154A-0の第３号機、製造番号120005、コード“TQ+XE”。原型機に比較して前脚が再設計され、FuG220レーダーを搭載して、そのアンテナを機首に付けていることなどが、目立つ変更点。Ta154も、“本家”に習い、通称名は“モスキート”（蚊）と呼ばれた。

↑　後上方から見た、原型７号機Ta154V7、コード“TE+FK”。ライトブルー地の上面に、グレイバイオレットの大小の草履形パターンを吹き付けた夜戦迷彩がユニーク。外形は非常に洗練されていたものの、総重量7.7トンの機体にしては、エンジン・パワーがやや低かったこともあって、Ta154の最高速度は、高度6,250mにて618km/hにとどまり、1943年当時の双発戦闘機としては物足りなかった。しかし、空軍は運動性、操縦性の素晴らしさを高く評価し、フォッケウルフ社に量産を命じる。

← 正面から見た、生産前型Ta154A-0第3号機。肩翼配置の主翼のせいで、本機は、胴体もエンジンナセルも、主翼の下にブラ下げたように見える。夜戦隊は、Ta154の就役を心待ちにしたが、1944年6月、その願いを打ち砕く事態が発生した。すなわち、内部の木製構造材の接着に使用した、石炭酸樹脂系接着剤が、木を腐触させたために、飛行中に空中分解する事故が、たて続けに発生したのだ。衝撃をうけた空軍は、ただちに接着剤の改良を命じたものの、早急に解決する手段がなく、1944年8月、Ta154は敢えなく開発中止を宣告されて潰えた。木製構造を甘くみたツケである。

↙〔左下〕 開発中止が決定するまえに6機が完成していた、最初の生産型Ta154A-1の第3号機。Ta154は夜戦として開発されたのだが、ドイツ空軍の悪い癖で、昼間戦闘機型、偵察機型も併行して準備され、労力の無駄使いをしていた。写真のA-1は昼間戦闘機型だつた。

Heinkel He219〝Uhu〟

ハインケル He219〝ウーフー〟

Ta154よりも早く、1941年10月に空軍から試作発注をうけて、ドイツ最初の専用夜戦として開発されたのが、He219〝ウーフー〟(鷲ミミズクの意)。DB603系液冷エンジン（1,750～1,900hp）を搭載する、大型双発機であったが、洗練された機体設計が効を奏し、Bf110、Ju88、Do217の既存夜戦を大きく凌ぐ性能を発揮した。武装も強力で、20㎜機関砲６門、または20㎜砲２門と30㎜砲４門など多彩な組み合わせが可能だった。もちろん、夜戦の必須装備であるレーダー、〝シュレーゲ・ムジーク〟も備えている。原型１号機は、1942年11月に初飛行し、翌年６月には、生産前型He219A-0が、１回の出撃で英空軍爆撃機を、たて続けに５機も撃墜する華々しい実戦デビューを飾り、その実力のほどを示した。夜戦隊は、こぞって本機の早期就役を待ち望んだ。しかし、例によってナチス上層部の不条理が、この優秀夜戦の生産を妨げ、敗戦までに、わずか268機しか完成できず、真の主戦力とならないまま終わってしまった。

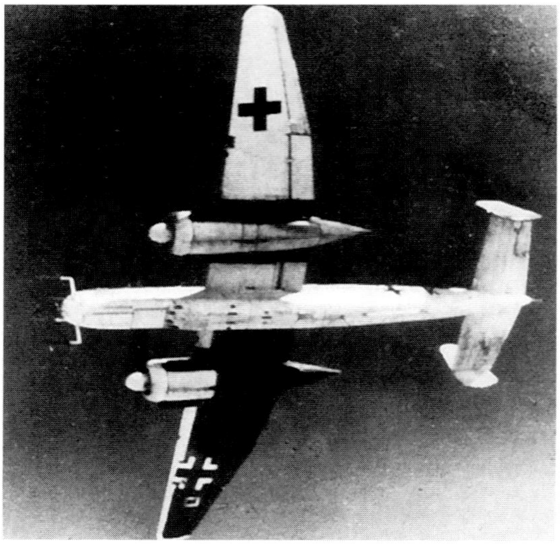

➡ 1944年４月、オランダのフェンロー基地上空を飛行する、第１夜間戦闘航空団第Ⅰ飛行隊第２中隊所属のHe219A-0、コード〝G9+FK〟。独特の平面形がよくわかる。

⬅⬇ 戦後、調査、テストのため英国に送られた、もと第３夜間戦闘航空団第Ⅰ飛行隊第３中隊所属のHe219A-7、製造番号310189、コード〝D5+CL〟。本機のディテールをよく示した資料性の高い写真。結局、He219を組織的に運用したのはNJG1だけで、他はごく少数を保有したのみに終わった。

Junkers Ju388J"Störtebeker"

ユンカース Ju388J"シュテールテベーカー"

↑ Ju88夜戦は、"本家"ともいうべき爆撃機型が、新型に更新されると、それをベースにした夜戦型がつくられるというパターンで"進化"していったが、この方式はJu88の発展型Ju188、388においても踏襲された。もっとも、Ju188夜戦は、空軍次官エアハルト・ミルヒ元帥の個人的あと押しをうけたにもかかわらず、模擬空戦でHe219に惨敗して、制式採用にはならなかった。Ju88系列の最後に位置したJu388は、排気タービン過給器併用のBMW801TJ空冷エンジン（1,900hp）を搭載した高々度バージョンで、最初から爆撃機型、偵察機型、夜間戦闘機型の３タイプが同時進行で開発された。写真は、1944年１月に完成した、夜戦型Ju388の原型１号機V2。基本的な外観はJu188とそう大きく変わらないが、エンジンナセル、機首まわりは、さすがに高々度機というスタイルに変化している。

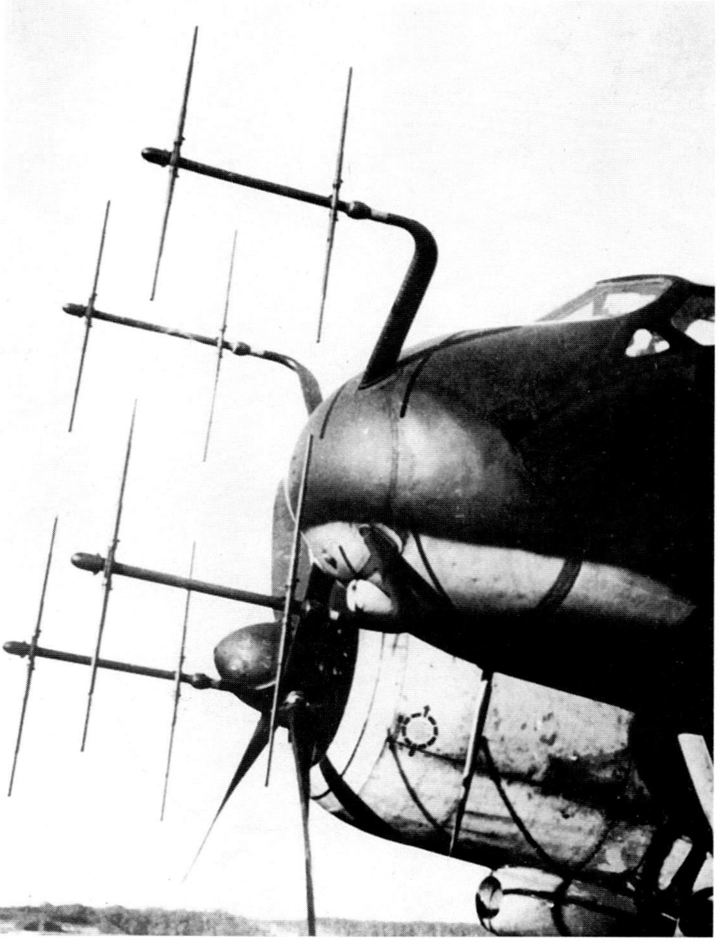

→ Ju388V2の機首クローズ・アップ。そのアンテナ形状からわかるように、FuG220レーダーを搭載している。テストの結果、Ju388夜戦型は、Me262ジェット夜戦が本格就役するまでの"つなぎ役"として、充分に使える性能と判定され、1945年１月に、生産型Ju388J-1、J-2、J-3、J-4がそれぞれ量産されることに決まった。しかし、敗戦直前の混乱により、J-1が３機生産されただけに終わり、戦力となるまでに至らなかった。なお、Ju388Jの通称"シュテールテベーカー"は、伝説上のドイツ海賊の意。

メッサーシュミット Me262B　Messerschmitt Me262B

↑　世界最初の実用ジェット戦闘機Me262が、ようやく戦闘機として本格的に実戦投入される直前の1944年９月、空軍は、当然のことながら本機の夜戦型を開発することに決定した。写真は、その夜戦としての適応性をテストするため、通常のMe262A-1aの１機、製造番号170056に、FuG218〝ネプツーンVI〞レーダーを搭載した、実用試験機。機首のアンテナは、Ju88、Bf110GのFuG218用とは異なり、４本がそれぞれ独立した支柱に取り付けられている。

←　上写真と同じ機体の機首クローズ・アップ。本機は、夜戦隊のエキスパート、クルト・ヴェルター中尉（最終撃墜数56機）の乗機となり、1945年１月には３機のモスキート夜戦を撃墜、ジェット夜戦の威力を証明し、本格的な量産型の開発を促した。

12

昼間型のA-1aを使った実戦テストで、Me262夜戦型の有効性を確認したドイツ空軍は、メッサーシュミット社に対し、複座練習機型Me262B-1aをベースに、胴体延長、燃料容量増大、レーダーをはじめとした各種電子機器の追加などを盛り込んだ、Me262B-2夜戦型の開発を命じた。しかし、本型の就役までには相当の日時を要するため、暫定措置として、B-1aにFuG218〝ネプツーンVI〞、およびFuG350Zc〝ナクソス〞両レーダーを装備、後席直後に140ℓ入り燃料タンクを追加しただけの簡易夜戦をつくることにし、Me262B-1a/U1の制式名称で、1945年2月末以降、敗戦までに約10機が完成した。そして、このうちの7機が、クルト・ヴェルター中尉の率いる、第11夜間戦闘航空団第10中隊に配属され、ベルリン西方のブルク基地に展開して、最後の首都夜間防空戦に参加した。これらのMe262B-1a/U1は、敗戦までの短期間に、ドイツ・レシプロ夜戦の脅威であった、英空軍のモスキート夜戦（爆撃機に随伴してドイツ上空に侵入してきていた）を16機も撃墜し、ジェット夜戦の威力を如何なく発揮した。しかし、時すでに遅く、それから旬日を経ずして祖国は敗戦を迎え、史上初のジェット夜戦隊の活動は、わずか2ヵ月足らずで幕となった。

➡〔右上、下〕 1945年6月上旬、敗戦から約1ヵ月が経過したブルク基地に、なお整然と並べられ、連合軍の査察をうける、もと第11夜間戦闘航空団第10中隊所属のMe262B-1a/U1。査察にあたった連合軍側の担当官も、見たこともないジェット夜戦に驚愕の念を隠せなかったであろう。これらは、米、英軍航空関係者にとっては最重要の調査、研究対象機であり、少なくとも4機は両国に渡った。上写真の中央機は米国、下写真の機番号〝赤の12〞は英国に送られたことが判明している。

⬇ 米国に送られた1機、製造番号110306、機番号〝赤の6〞。1945年9月30日、オハイオ州ライト・フィールド基地における撮影で、部分的にオリジナル塗装がリタッチされているが、機体そのものはよく原形をとどめている。機首下面に300ℓ入り増槽2個を懸吊している。

↑　P.149写真と同じく、米国のライト・フィールド基地における、もと10./NJG11所属のMe262B-1a/U1、製造番号110306、機番号〝赤の6〟。FuG218レーダーのアンテナは、A-1a製造番号170056に装備されたタイプとは異なり、左右1本ずつの縦支柱にダイポールが付く。風防の中ほどに見える箱状の装置が、FuG350Zcのユニット。本装置は、いわゆるパッシブ・レーダーで、英空軍爆撃機が発する、地形表示レーダーH2Sの電波をキャッチし、その位置を知るほか、味方基地の電波をキャッチして帰投方位を知るための、ホーミング装置としても利用できた。なお、FuG218のアンテナ追加により、Me262B-1a/U1の速度は約60km/h低下し、810km/hになったが、それでも、レシプロ夜戦に対しては隔絶した高速であった。

→　正面から見たMe262B-1a/U1、製造番号110306。機首下面のラックは、A-1a、A-2aの場合は爆弾懸吊用であるが、複座化して胴体内燃料タンクの容量が減少したB-1a、B-1a/U1では、それを補うための増槽懸吊架として用いた。B-1a/U1の武装は、基本的にMK108 30mm機関砲4門であるが、夜間には発射焔が激しくて、パイロットの視界を妨げることもあり、写真の機のようにMG151/20 20mm機関砲2門に換装した機もあった。

ドイツの航空機銃／機関砲

小橋良夫

　ヴェルサイユ条約の厳重な監視の目をくぐり、まだ陰の存在であったドイツ空軍が、ひそかに航空用機銃の開発に取り組んだのは、１９３２年のことであった。

　空軍再建を目ざす関係者は、陸軍がこれまたひそかにスイスのソロサーン兵器会社で開発していた地上用機関銃ＭＧ30を入手し、ラインメタル社に航空用機銃への改良を命じた。

　ラ社ではＭＧ30を数回にわたり改修を行ない、地下射撃場で秘密試験のすえ、１９３５年１月、ＭＧ15（口径７・92ミリ）として空軍に納入した。

　このころすでにヒトラーはヴェルサイユ条約を破棄し、ドイツ再軍備宣言していたからＭＧ15の生産はスムーズに行なわれ、航空機銃では最高といわれる毎分１１００発の発射速度をもっていたので、旋回機銃として各種の爆撃機に搭載されたのであった。

　ＭＧ15の成功に気をよくしたドイツ空軍は、つづいてラ社に対して戦闘機用固定機銃の開発を命じ、ＭＧ17（口径７・92ミリ）が誕生した。ＭＧ17は機銃の尾筒部が細いところから、小型戦闘機の機首や、うすい主翼内に搭載するにはまことに便利で、弾薬装塡には油圧が利用され、電動モーターで座席内で操作できた。このＭＧ17はほとんどすべてのドイツ戦闘機に装備された。

　これら一連のラインメタル系機銃に対し、モーゼル（日本ではマウザーといった）社が開発したのがＭＧ81（口径７・92ミリ）で、ラ社のＭＧ15より小型でありながら最高発射速度は毎分１５００発という驚異的な速度であったから、高速で空中を交叉する目標をとらえるには、世界に類のない有効な機銃だった。ＭＧ81はＭＧ15にかわり以後の大型機の旋回機銃に採用された。

　旋回機銃ではＭＧ81に追いぬかれはしたものの、ラ社は７・92ミリより大口径の機銃要求により、まもなくＭＧ１３１（口径13ミリ）機銃を開発して重戦闘機用に納入したが、ライバルのモ社ではＭＧ１５１／20（口径20ミリ）を開発し、ほとんどすべての戦闘機に装備されている。

　ＭＧ１５１／20は、その名称がしめすようにラ社のＭＧ１３１に対抗してモ社が開発した15ミリ機銃をさらに改良して20ミリにしたものだ。

　ドイツ空軍の20ミリ機銃では、これより早く１９３８年にスイスのエリコン社の20ミリＭＧ・ＦＦが採用されていたが、ＭＧ１５１／20に比べて発射速度が遅かった（毎分４５０発／分）ため、ＭＧ１５１／20の採用とともにその地位をゆずっている。またＭＧ１５１／20は、第二次大戦後期、日本陸軍に８００梃が輸出され、「飛燕」に搭載されたことはよく知られている。

　このモーゼルＭＧ１５１／20の発射速度を、毎分１２００発に増大するように改良し、きわめて短時間に照準線上を通過する地上目標を攻撃できる機銃がＭＧ２１３である。

　ドイツ空軍は以上の20ミリまでをＭＧ（制式機銃）と称し、30ミリ以上をＭＫ（制式機関砲）と区別していた。このためラインメタル設計のＭＫ１０８は30ミリ口径である。

　これらのほかにドイツ空軍ではラインメタル系機銃がもっとも多く採用されて、ＭＫ１１２（55ミリ）、ＭＫ１１４（55ミリ）、ＢＫ75ミリ、ＳＧ１１７（30ミリ）、ＳＧ１１３（77ミリ）などがあり、性能も他国の追従をゆるさなかったが、第二次大戦中に使用された一国の航空機銃としての種類でもNo.１である。

↑ Fw190A-1の機首上部に装備されたMG17 7.92㎜機銃。

← Fw190A-8の機首上部に装備された、MG131 13㎜機銃。後方の地上員が手にしているのは、その13㎜弾帯。

← Fw190A-5/U12の左右主翼下面に、2門ずつパック装備された、MG151/20 20㎜機関砲。左右主翼付根内の各1門をあわせると、20㎜砲6門という強力な武装である。

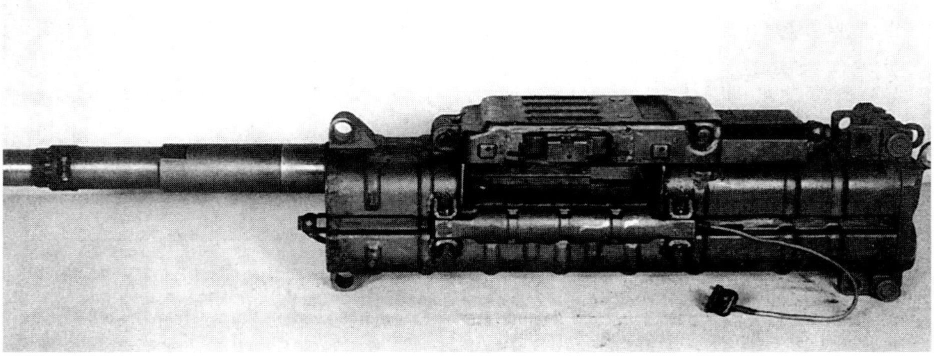

← 部品の80%がプレス加工品という、ユニークな構造のMK108 30㎜機関砲。破壊力は大きかったが、初速が遅く、弾道性がやや悪いのが欠点だつた。

← Me410A-2/U2の機首に装備された、BK5 50㎜機関砲。対戦車砲を改造した本砲は、破壊力が凄まじく、四発重爆を1撃で撃墜する威力をもっていたが、重量も大きくて飛行性能はかなり悪化し、敵単発戦闘機に捕捉されやすくなった。

Old&Experimental Fighter 試作、旧式戦闘機

→ 再建ドイツ空軍初代の主力戦闘機となった、ハインケルHe51。1932年11月初飛行の複葉戦闘機としては、極く普通の設計、性能であった。1937年頃までに計700機生産。

← He51に次いで採用された複葉戦闘機、アラドAr68。性能はHe51を凌いだが、就役から間もなく、全金属製単葉のBf109が登場したため、少数生産にとどまった。

→ 1933年秋に提示された、戦闘／高等練習機競争試作に応募した、アラド社のAr76。パラソル式主翼を採っていたが、不採用となった。

← 1933年秋の戦闘／高等練習機競争試作に応募し、採用された、フォッケウルフFw56〝シュテッサー〟（鷹）。1940年までに約1,000機生産。

→ 1933年秋の戦闘／高等練習機競・試に応募した、ハインケル社のHe74b。洗練された複葉型式だつたが、不採用に終わつた。

← これも、Fw56と採用を争った、ヘンシェル社のHs125。近代的な単葉型式だったが、性能ではFw56に及ばず、不採用になった。

→　1934年度の双発重戦闘機、すなわち駆逐機の競争試作に応募し、BFW社のBf110と採用を争った、フォッケウルフFw57。双発爆撃機並みの大型機で、武装も強力、爆弾も懸吊可能というふれこみだったが、空戦性能がきわめて悪く、不採用になった。

→　これも、Fw57と同じ競・試に応募したヘンシェル社のHs124。Bf110に比べひとまわり大型で、それなりによくまとまっていたが、速度性能、運動性能などがBf110には及ばず、不採用になった。

↓　フォッケウルフ社が、Fw57の失敗を教訓にし、Bf110を凌ぐ高性能双発戦闘機として、1937年春に完成させたFw187“ファルケ”（鷹）。写真をみればわかるように、非常に引き絞まった、洗練されたスタイルが印象的で、性能も申し分なかった。しかし、空軍の駆逐機運用にそぐわないとの理由で不採用となった。

← 1934年度の次期新型戦闘機競争試作において、Bf109と採用を争ったアラド社のAr80。しかし、固定式主脚に胴体後半の外皮が羽布張りなど、設計的には応募4社機の中でもっとも劣り、早々に不採用を通告された。

→ これも、1934年度の競・試に応募した、フォッケウルフ社のFw159。のちにFw190という傑作機を生む、クルト・タンク博士の設計だが、パラソル式主翼という、戦闘機には不適当な型式を採ったことが致命的となり、不採用に終わった。写真は原型2号機Fw159V2。

↓ プロペラを2翅に改めた、原型3号機Fw159V3。本機の主脚配置も変わっており、上下方向に長さを短縮してから胴体内に引き込むようになっていた。このあたりも、実用性に難がある設計だった。

ドイツ空軍戦闘機
主要機体解説

フォッケ・ウルフＦＷ190

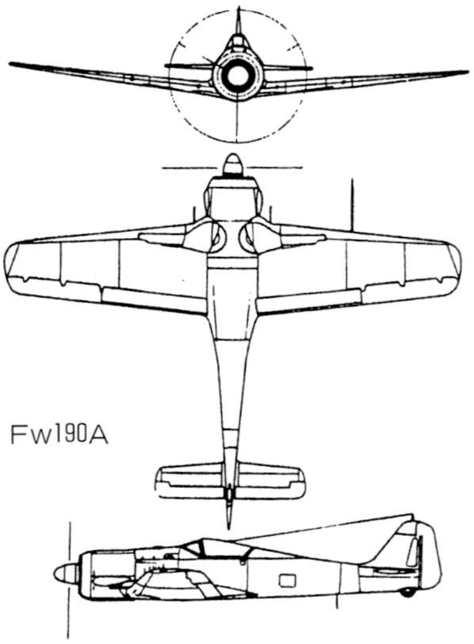
Ｆｗ190Ａ

ダイムラー・ベンツ液冷エンジン万能のドイツでは、とうじ異例ともいうべき空冷星型エンジン装備の次期新戦闘機が、フォッケ・ウルフ社でクルト・タンク技師によって開発に着手されたのは一九三七年秋で、開戦直前の三九年六月にその一号機が初飛行した。これが一九四一年秋から実戦に参加し、四二年以降、Ｂｆ109とともにドイツ空軍の主力戦闘機となったＦｗ190の誕生であった。

当初は一、〇〇〇馬力級のＢｆ109よりひとまわり強力な一、五〇〇馬力級の戦闘機を、ということで開発されたのだが、これがのちには二、〇〇〇馬力、二、三〇〇馬力とパワーアップされ、最大速度も七〇〇キロ、七三〇キロと向上して、第二次大戦中のドイツレシプロ戦闘機の最後を飾る存在となった。

Ｆｗ190は大別して前半期のＡ型と、後半期のＤ型の二種に分けられるが、本機の生涯は最後までスピットファイアとの優劣のせり合いで、ほとんどつねにスピットを凌駕した。イギリスは絶えずスピットの改良進歩をはかってながく使用したが、最後は、空冷から液冷エンジンに切り換えたＦｗ190の方に分があったことになる。

またＢｆ109は離着陸や高速での操舵に難があり、ドイツ戦闘機パイロットの訓練中の事故死亡率はたいそう高かったのであるが、Ｆｗ190ではそうした難点はなかった。そして本機の後期型は、イギリスの次期戦闘機ホーカー・タイフーンやテンペストにくらべて、実用性のあらゆる面ではるかにすぐれていたのである。

このＦｗ190を、各型をつうじて、もっとも特色づけるのは、高速である。どの型もみなそれぞれの時期において、世界でもっとも高速の戦闘機の部類に属し、最後までプロペラ戦闘機の中ではこの地位を守りぬいた。

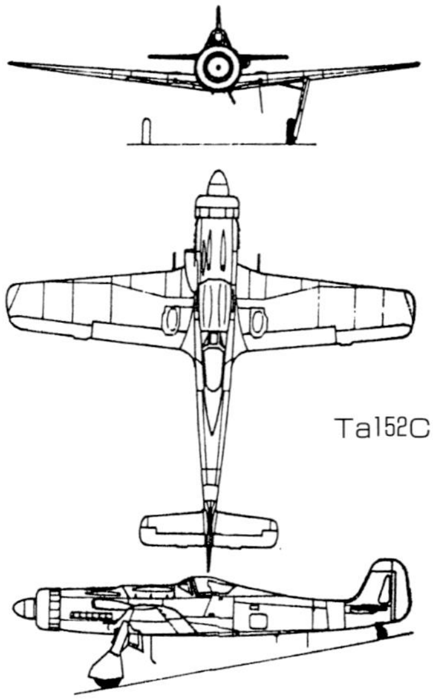
Ta152C

度重なる改良進歩が行なわれたが、Ｂｆ109が重量の増加で、性能面ではむしろ劣化のきざしを見せるようになってきた一九四一年の秋、Ｆｗ190は実戦にデビューした。これが本機の前半を代表するＡ型で、六六〇キロ／時の高速、強武装、重装甲で英空軍のスピットファイアＭｋＶを顔色なからしめ、完全に圧倒してしまったものであった。

後継機のつもりのタイフーンの実用性の低さにあわてた英空軍は、スピットファイアを改良して本機に対抗しようとし、そのⅨ型などは、低空では性能は遠くおよばずとも、高空ではＦｗ190をいくらか上まわるようになった。

このへんの事情が、Ｆｗ190について、いわゆる「中高度戦闘機」として、ばく然と通用している観念を印象づけるようになったものと思われる。しかし、Ｆｗ190でも高々度性能を軽視していたわけではなく、排気タービン装備のものや与圧室つきの機体もつくられている。だが量産には入らなかった。

　本機の高速と低空性能の良さを利用して、戦闘爆撃機、襲撃機、攻撃機などの変種も多数生産されて用いられた。ことにドイツの戦況が思わしくなくなってからは、戦線上空の強行突破をめざして、この傾向はいっそう強くなったが、その爆弾搭載能力は前期のもので五〇〇キロ、末期では一トンにも達した。じつに日本の重爆に匹敵した。

　本機の後半を代表するのはＤ型である。これは「長鼻」の名で連合軍パイロットに恐れられ、大戦末期に猛威をふるった型であるが、名の由来は、この型がエンジンを空冷から液冷のユモに代えたことにあった。しかもその液冷エンジンの前面に円筒状の冷却器を配したため、液冷機でありながら、一見、空冷エンジン機のように見えるところが特徴であった。

　この型の後期型では、最大速度が七二〇キロ／時をこえ、いぜん最高速戦闘機の面目をたもち続けた。

　Ｆｗ190は各型あわせて二〇、〇〇〇機も生産されたが、このうち約三分の一が戦闘爆撃機かまたはその類似用途機であった。

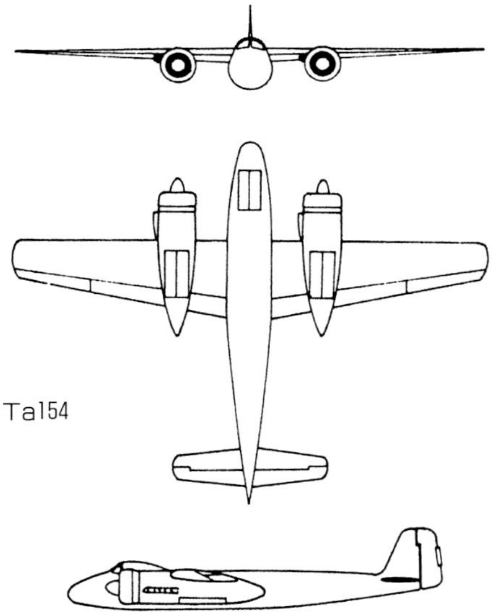
Ta154

フォッケ・ウルフTa152

　本来はＦｗ190のシリーズに属すべきもので、Ｆｗ190の改良と性能向上のための開発が、一九四三年以降はタンク技師の名をとって、Ｔａ152の型式名称で続行されるようになったところから、この名が生じたものである。

　開発の主眼は、高々度性能の向上におかれていたが、のちに戦況の変化にあわせ、中高度型も併行して開発された。最初に生産に入った高々度戦闘機型Ｈシリーズは、高度一二、三〇〇メートルで七五五キロ／時を出した。このＴａ152Ｈも、Ｆｗ190Ｄと同じ、液冷エンジン（ユモ２１３）機であり、武装も機関砲が三〇ミリ一、二〇ミリ二と、同じだった。

　しかし、Ｔａ152は、その登場があまりにも遅きに失し、Ｈシリーズが数十機、中高度型Ｃシリーズが数機完成したところで敗戦を迎えほとんど戦力にならないまま終わった。

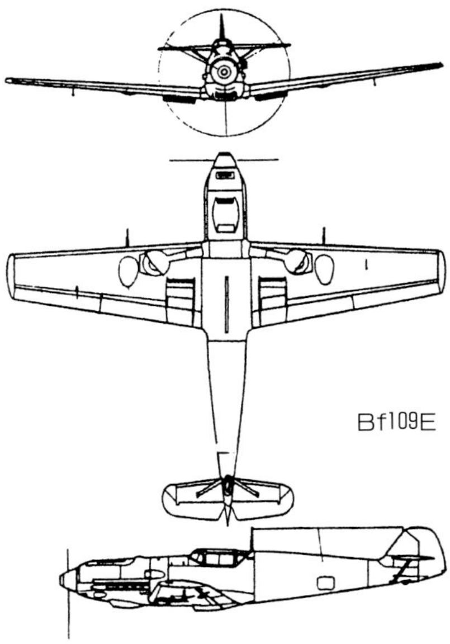
Bf109E

フォッケ・ウルフTa154

　ドイツ本土防空用の夜間戦闘機として、一九四二年九月に空軍から発注をうけて試作に着手したのが本機で、英空軍のＤＨモスキート双発爆撃機にならい、木製とすることになったのであるが、これが本機をして「ドイツ版のモスキート」と呼ばれる所以になった。強力なユモ液冷エンジンに空冷のような円筒状冷却器をつけた本機は、双発複座の全木製機という点では、まさにイギリスのモスキートと共通するものがある。

　しかし、ドイツの木製機の経験不足、とくに接着剤の不良が致命傷となり、試作機が空中分解事故を起こして、開発は頓挫してしまった。そしてほんの少数の生産機が完成した段階で中止となってしまったのである。

メッサーシュミットBf109

　一九三四年度の戦闘機競試で開発に着手され、三五年の初飛行と競試の制覇いらい敗戦まで、じつに一〇年間にわたってドイツ空軍戦闘隊の主力機の座にあり、大戦全期間をＦｗ190とならぶ双壁として活躍しぬいた、じつに息のながい戦闘機である。
名称がＭｅでなくＢｆになっているのは、当時まだメッサーシュミット社がバイエルン航空機会社という名称だったせいである。
ユモ・エンジン装備のＢ型、およびダイムラーベンツＤＢ600搭載のＤ型用原型機は、一九三七年スイスのチューリッヒ国際航空競技会で水際だった活躍ぶりを示し、世界にドイツの新戦闘機の名をひろめた。
最初の生産型Ｂ型は、つづいてスペイン内乱にも投入されて、実戦に使用され、従来の世界の戦闘機界に一新紀元を画したのである。
ユモ210エンジン搭載のＣ、Ｄ型につづき、一九三九年に入ると、ダイムラーベンツＤＢ601エンジン（一、〇〇〇馬力）に更新した、本命のＥ型が生産ラインから流れ出した。このＥ型が大戦初期の主力機で、一九四〇年夏の英本土での大航空戦に参加したのも、本型である。

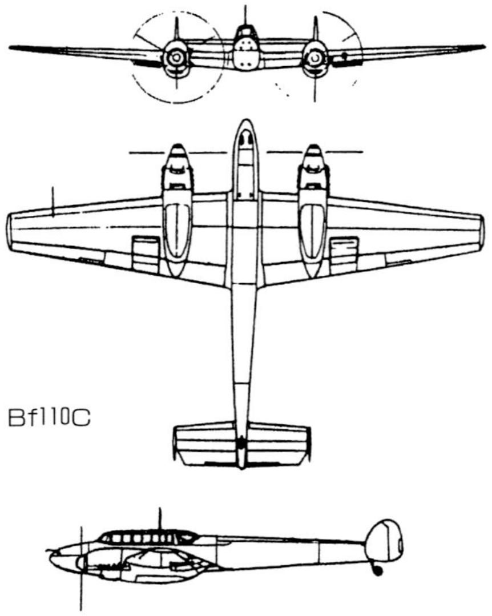
Bf110C

戦闘機としてのＢｆ109Ｅは、加速、急降下性能において英のスピットファイアにまさり、かつ燃料噴射式で気化器のないエンジンのおかげで、マイナスＧ状態でも息をつくことがなく、数千メートルの高度をいっきに下降することができた。その反面、高速時で舵が重く、かつ主脚の轍間距離が小さいので地上偏向癖があり、新米パイロットの事故率はずいぶん高かった。
スピットファイアもそうだったが、Ｂｆ109の弱点として、にわかにクローズ・アップされたのは、二〇〇キロにも満たぬ戦闘行動半径であった。このため英本土南岸を行動するのがせいいっぱいで、友軍爆撃隊の直掩を効果的に行なうことはできず、四〇年夏の英本土航空決戦をとりこぼす主原因となってしまったのである。ドイツ戦闘機用兵思想の欠陥がそのまま本機の短所であった。

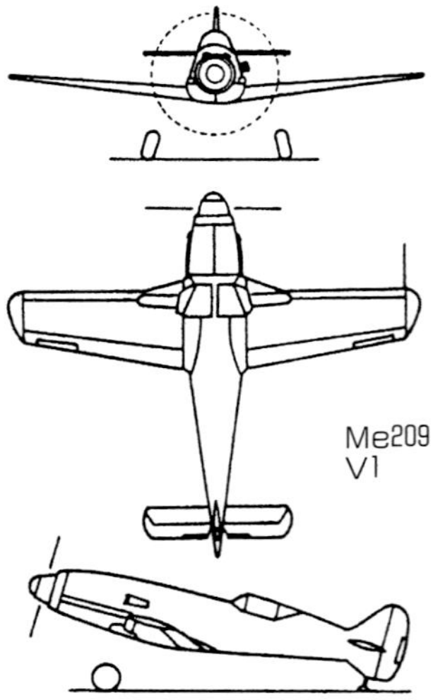
Me209
V1

実戦での経験から本機には矢継ぎ早に性能向上と武装強化のための改善がくわえられ、多くの型が出現したが、なかでも一、五〇〇馬力級に強化されたＧ型がもっとも多く生産された。
Ｂｆ109の総生産機数は、三三、〇〇〇機余にも達し、ライバルのスピットファイアを一〇、〇〇〇機も引きはなして、戦闘機としての世界最多量産のレコードホルダーとなったが、このうち七割を占めるのがこのＧ型なのである。
後期には高々度用の過給装置や与圧キャビンをそなえたものまで出現したが、最終量産型のＫ型では高度一一、〇〇〇メートルで、七二〇キロ／時の高性能にまで到達したのであった。一九三五年に六一〇馬力、四七〇キロ／時、七・九ミリ機銃二

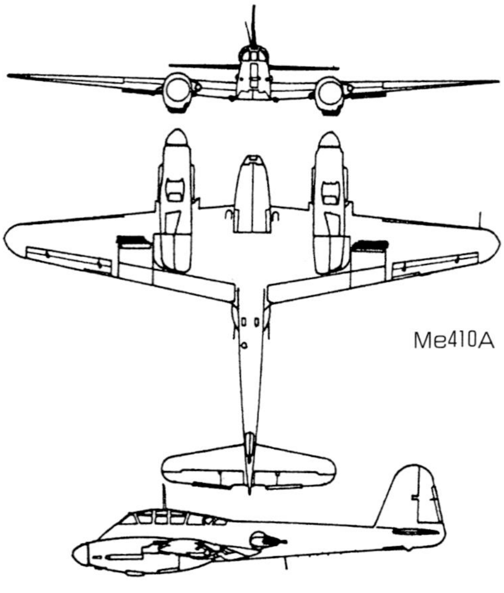
Me410A

挺で出発したＢｆ109はその一〇年後には二、〇〇〇馬力、七〇〇キロ／時以上、三〇ミリ機関砲装備の高々度戦へと発展したのである。

メッサーシュミットＢｆ110

単発単座戦闘機より航続距離が大きくて、遠距離護衛や奥地への侵入のできる戦闘機をということで、双発複座の駆逐機という新しい機種名称でＢｆ110が試作に着手されたのは、一九三五年の初頭である。

戦闘機の遠達能力を双発型式に期待するのは世界的な流行で、どの国でもこの種のものに手をつけている。

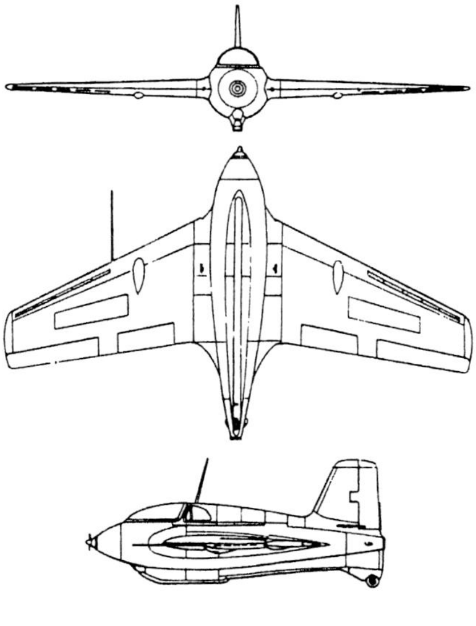
Me163B

そして例外なく失敗作に終わった。たしかに双発大型にすれば航続力を延伸できるものの、大型化すれば運動性はとうぜん単発単座型よりも劣化してしまう。

そして当時の戦闘機でもっとも重視される性能がその運動性に他ならぬことが、これまた世界的に戦闘機用兵者の通念になっていたからである。Ｂｆ110もまたその例外ではあり得なかった。

しかし、試作期のＡ型、Ｂ型をへて、機体を補強し、翼端を切り落とし、エンジンをパワーアップして一、一〇〇馬力の双発としたＣ型が実用期に達し、最初の実用型として量産がはじまった一九三九年春、すなわち開戦直前には、ドイツ空軍が本機にかけていた期待は絶大で、ことにゲーリング元帥などは本機をドイツ空軍という槍の穂先をつとめる機種と誇称したほどであった。

運動性で単発単座戦に劣る点をおぎなうには、機数をもって円陣をつくるいわゆるラフベリーサーカスの運動を行ない、相互に僚機の後尾をまもって単座戦に対抗できるようにこの戦技を採用していた。

初陣のポーランド戦から、一九四〇年のフランス侵攻作戦までは、相手側に有能な単座戦がいなかったので幸いボロを出さずにすみ、地上軍の支援に活躍した。しかし同年夏に英本土の空で大決戦が展開されると、Ｂｆ110は馬脚をあらわしてしまい、英軍の単座戦闘機の敵ではないことが判明したのである。

そして遠距離護衛が可能などころか、逆に単発のＢｆ109に護衛してもらわねば戦場上空を行動できず、「戦闘機に護衛してもらう戦闘機」の醜態をさらしたのであった。

しかし、これで本機の命運が尽きたわけではない。戦争がさらに激しさを増し、戦域が拡大していくと、Ｂｆ110はまた別の用途に使える重宝な汎用機として、再び甦ったのだ。その最初の転用例が、戦闘爆撃機であった。

Ｃ型で試験的に二五〇キロ爆弾二発を搭載して用いたところ、一九四〇年の英本土航空戦で好成績をおさめたので、本格的な戦闘爆撃機型であるＤ型が量産されたが、このＤ型の次のＥ型では爆弾搭載量が一トンにも達した。日本の重爆や中攻よりも搭載量が大きい。

さらにパワーアップによって、Ｆ型、Ｇ型とすすみ、後期の型になるとロケット弾を装備し、本土防空戦にて四発爆撃機を相手に戦った。

また、日本のキ45改、月光と同じく、本機も夜間戦闘機にその活路を見出したが、レーダーなしの単純夜

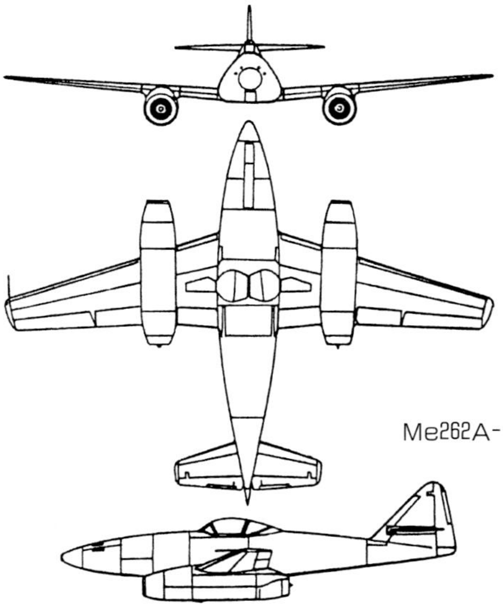
Me262A-1

戦型から、後にはレーダー装備の本格的夜戦型もつくられ、夜戦隊の主力機となった。
　結局、Bf110は、各型あわせて五、七六二機もの多数が量産され、大いなる成功を収めたことになった。

メッサーシュミットMe209

　一九三九年、いわゆるハインケルHe112U（じつはHe100）が、長いあいだ、水上競速機が独占してきた速度世界記録を陸上機の手にうばい返すと、その直後に、さらにそれを上まわる七五五キロ／時の速度記録を樹立したのがこの機体で、当時ことさらにMe109R型などと、いかにもBf109の一型式ででもあるかのような印象をあたえる名称のもとに公表されたのであったが、実際にはこのMe209はBf109とは何のかかわりもないまったく別の機体で、ただ速度記録樹立のためだけに試作された純然たる研究的な機体だったのである。本機はドイツ空軍の要望でHe100と同時に着手され、四機試作されたが、テスト中のたびたびの難問続出や事故でつぎつぎに思いきった改造がなされ、最後の4号機では、戦闘機への転用を試みた改設計が加えられたが、およそ実用機などとは程遠い機体になり果てていた。
　本機は外観からも、プロペラの大きなカウンタートルクに対抗するため垂直尾翼を胴体下にも張り出し、操縦席は胴体後部に配置するという、まさにスピード・レーサー機そのものであった。もっとすごいのはエンジンで、DB六〇一Aを一分間にかぎり二、三〇〇馬力にチューン・アップし、その冷却は蒸気冷却方式で、初期には冷却水を一部回収するよう水冷却器もそなえていたが、後には冷却水は蒸気としてことごとく使いすての排気とする方法をとった。記録樹立の際は、太い白煙を曳いて飛んだはずである。

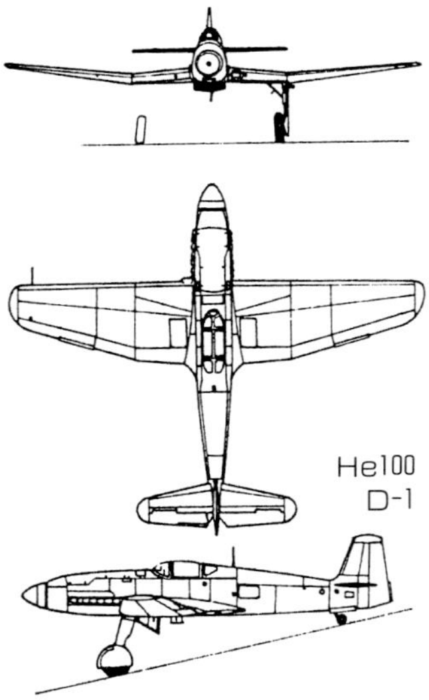

He100 D-1

メッサーシュミットMe210〜410

　Bf110をパワーアップしたその後継機として、開戦直後の一九三九年九月にはもう原型が初飛行していたのであるが、Me210の開発はつまづきどおしとなった。特に飛行中の安定性不良が致命的だった。
　この種の小型双発機で六〇〇キロ／時をこすものになると、日本でも「天雷」などで苦杯をなめているが、たとえばそれまでのBf110などでは経験しなかった技術上の難問題が出てきて、たいそう難渋するもののようである。
　ところがそうした問題点を十分に解決し切らないうちに本機を量産に移したのは、メッサーシュミットやミルヒ次官の政治力によるものであったが、はたして事故多発などにより、生産は四二年四月に打ち切られ、既製のものも実用性がなく、実戦に用いられたのはごく少数であった。そのために、Me210の就役によりF型で開発を打ち切るはずだったBf110が延命され、G型の開発が続行されたのである。
　本機に続いて与圧キャビン装備の高々度戦闘機をねらったMe310は計画だけで実現されず、Me210を改設計したMe410に移行して、一九四三年あたりから本格的量産に入った。このMe410は210ほどには難がなかったが、あまり取柄のないこの機種にドイツ空軍はやや固執し過ぎたようである。
　Me410は四四年末にかけて約一〇〇〇機が生産された。バリエーションとしては、Bf110より格段に兵装を強化した駆逐機型の他に、高速爆撃機型や偵察機型、それに、五〇ミリ砲装備のものなども含まれている。

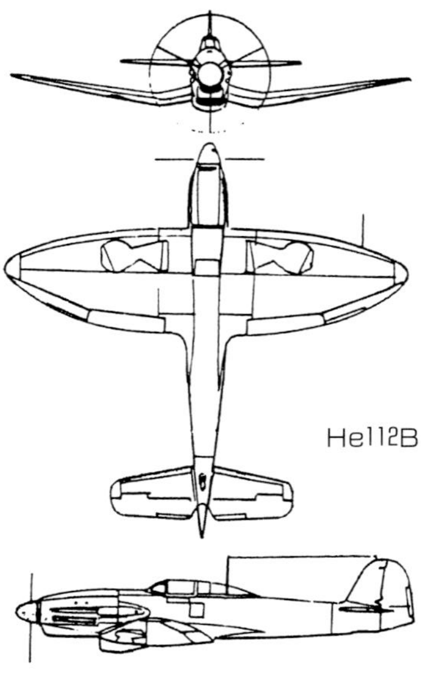

He112B

メッサーシュミットMe163コメート

　航空史上唯一の実用ロケット戦闘機Me163は、日本の「秋水」の原型として有名であるが、無尾翼機の提唱者で有名なアレクサンダー・リピッシュ博士の理論と、ヴァルター式ロケットとの組み合わせが生んだ、いわば、第二次大戦のドイツでしか生まれようのない、特別な航空機であった。
　自らの理論を実践するためメッサーシュミット社の客員になったリピッシュは、ヴァルター・ロケットを得て、一九四一年八月にMe163の原型を初飛行させた。水平飛行で人類史上はじめて一、〇〇〇キロ／時を突破した機体がこれである。しかし推薬を過酸化水素と触媒の組み合わせから、過酸化水素と水化ヒドラジン、およびメタノールとの組み合わせに変えたヴァルター・ロケットはなかなか実用にならず、その間、リピッシュがメッサーシュミットと仲違いをして去ることになったりなどして、実用型Me163Bの試用部隊が行動を開始したのは一九四四年夏のことになってしまった。
　本機は、高度九、〇〇〇メートルまでの上昇時間わずか二・六分と、当時としては桁はずれの驚異的上昇力を有し、水平最大速度も九五〇キロ／時とこれまた段違いの超高速であった。武装は三〇ミリ機関砲×二で、連合軍爆撃機を容易にしとめることができた。
　だがその反面、動力飛行の継続時間はほんの数分に過ぎず、あとは滑空降下を行なうしかなかった。また異常な上昇性能は乗員の生理が問題となり、与圧室つきの機体も試作されたが、実用にいたらなかった。濃過酸化水素液の取り扱いも容易でなく、爆発の危険も大であった。
　開発はメ社で続行したが、主、尾翼の構成材料は木材が主であるところから、量産はクレム社などの軽飛行機メーカーで行なった。
　本機の驚異的上昇性能は、当時の迎撃機としては理想であったろう。敵爆撃機を頭上に見てから離陸しても、かるく捕捉できたからである。
　しかしその反面、動力飛行を終わって滑空に移るともろかった。敵爆撃機に戦闘機の護衛がある場合には、そのエジキになってしまうからである。こんな点から、実際にもそれほど戦果をあげてはいない。
　しかし、このような液体ロケット機をつくって実際に使ったあたり、ドイツ重化学工業の実力はさすがである。日本でも本機をコピーして「秋水」を試作したが、貧弱な工業技術基盤では、とてもドイツなみに実用はできなかったと思う。なお、本機の離陸は台車に乗って行ない、事後台車を投下し、着陸は胴体下のソリで行なうようになっていた。敗戦までに約三七〇機生産されている。

メッサーシュミットMe262

　世界最初の実用ジェット戦闘機、いや実用のジェット機としても世界最初のもので、その名は航空技術史上不滅である。

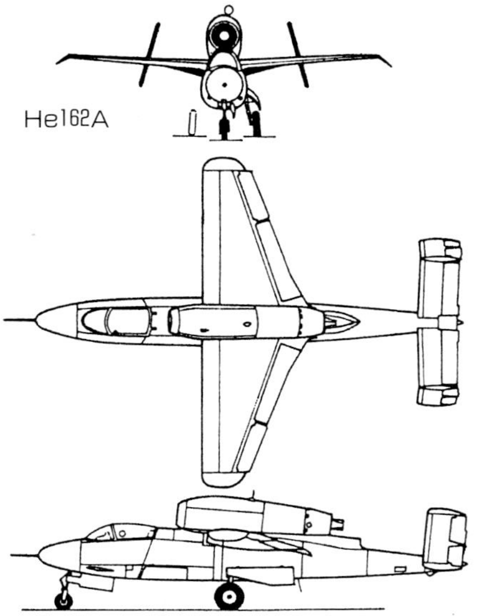
He162A

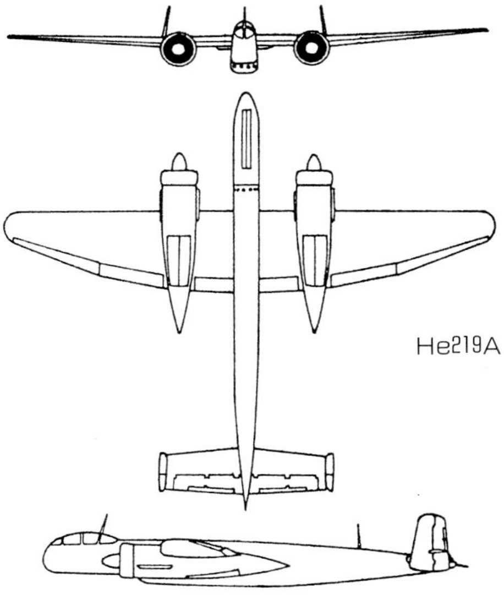
He219A

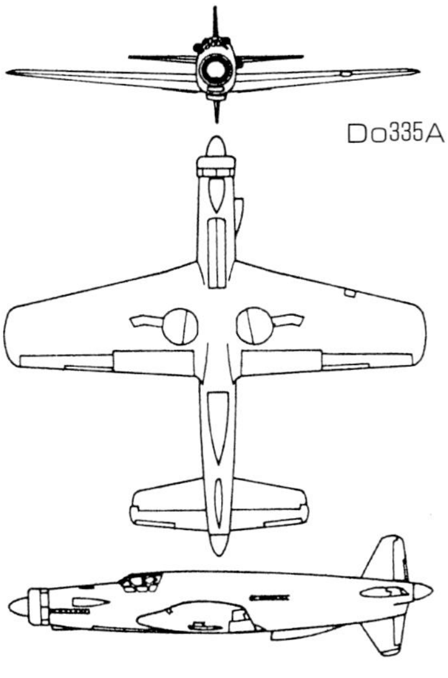
Do335A

ジェット機を試験的にせよ世界最初に飛ばしたのが、やはりおなじドイツのハインケル社で、一九三九年九月のことであるから、ジェット機に関するかぎりドイツは不滅のタイトルを二つももっていることになる。
　Ｍｅ262の開発が着手されたのは、一九三九年末から四〇年にかけてで、機体の方が先行してエンジンの開発が後を追うことになったため、四一年春に飛んだ原型一号機はレシプロエンジンのプロペラ機の形をとっていた。
　ジェットエンジンを装備し、名実ともにジェット機としての初飛行は、四二年七月のことになった。降着装置も尾輪式から前輪式にあらため、ほぼ実用のＭｅ262の形がさだまったのは、さらにその翌年の夏のことだったのである。
　本機の飛行を見たヒトラーは、これを純然たる爆撃機ないしは攻撃機として使おうと考え、戦闘機としての開発を禁止したが、本機の開発はヒトラーの命にもかかわらず、戦闘機として続行された。これがヒトラーに露見すると、彼は激怒して四四年夏にふたたび戦闘機型の生産を禁じ、既製機も爆撃機への改造を命じた。
　これが本機の量産の立ちあがりを混乱におとし入れ、進捗をはばんで、けっきょくそれだけ戦力化が遅れてしまったのであった。
　四四年夏、連合軍のノルマンディ侵攻で再度大陸が戦線化すると、本機が期待したほどの戦果をあげ得なかったことから、ついにヒトラーもＭｅ262を戦闘機として使うことに同意したけれども時すでに遅く、敗戦までに生産されたＭｅ262は一、四四三機だけに終わってしまい、うち実戦に投入された機数は、わずか二〇〇機足らずにすぎなかった。
　このようにドイツの運命を象徴するかのような悲運の機体ではあったけれども、本機より遅れて実用に入ったイギリスのミーティアにくらべると、Ｍｅ262はエンジン推力においても、設計、性能全般においてもはるかにまさり、実用性でも比べものにならず、いかにも航空技術に革命をひき起こすにふさわしい、真のジェット機らしいジェット機であった。
　ことに天下晴れて戦闘機として活躍できるようになった四四年末からは、本機とおなじく革命的な空対空ロケット弾Ｒ４Ｍとの組み合せは一大威力を発揮し、一騎当千の名戦闘機乗りを選りすぐって編成し、ガーランド中将のひきいるところとなった第44戦闘団（ＪＶ44）は、連合軍爆撃機隊には恐慌を、戦闘機隊には落胆を起こさせて、大戦掉尾のドイツのために大いに気を吐いたのである。
　しかし、レーダー装備複座の夜戦型、全天候用の本格的夜戦型、ロケット・ブースターの装備型、それに五〇ミリ砲の装備型などなど、数多くの本機の発展型は、すべて試作段階で戦争が終わってしまった。つまり戦力化が遅すぎたのであるが、それだけ時代に先行する存在でもあったわけである。
　Ｍｅ262を爆撃機として用いることにヒトラーが固執したことは、後世よく愚行とされているようだが、たしかに結果的には、本機の戦力化と戦闘機としての活動をたいそう遅らせはした。しかし考えそのものまで誤りとはあながちいえないものがある。
　当時ドイツはＦｗ190などすぐれた昼間戦闘機もあり、連合軍戦略爆撃隊の昼間迎撃にはそれほど不自由していなかった。ドイツがもっとも欲していたのは、敵戦闘機の濃密な防衛陣を強行突破して攻撃をくわえることのできる機種であった。
　この点それから一五年後の世界では、戦闘爆撃機が万能になった事実をもってしても、このときのヒトラーの着眼が全面的にまちがっていたとは、必ずしもいい得ないものがあろう。

ハインケルＨｅ100

　一九三七年にドイツ空軍が速度記録機の試作を、ハインケルとメッサーシュミットの両社に命じたとき、これを受けたハインケルでは、それを単なる研究機的なものとせず、実用性ある次期戦闘機にも適するものとして、Ｈｅ112でＢｆ109に敗れた汚名を挽回しようとして設計したのがこのＨｅ100である。
　また戦時中、ドイツ空軍がことさらにＨｅ113として、しきりに写真を公開したのもこの機体なのである。
　巻き返しをめざしただけあって、翼表面冷却器の採用など、とうじ考え得るあらゆる航空技術の新技法をとり入れ、いかにも高速機にふさわしい姿態となったが、また内側引込式にして輪間距離を広くとった主脚なども、Ｂｆ109の悪癖になやんでいたテストパイロットたちから好評であった。
　速度もＢｆ109の当時の型より八〇キロ／時もまさっていた。
　しかし本機は制式採用にはならなかった。その主な原因の一つに、ナチス党員で政治力ゆたかなメッサーシュミットに対して、ハインケルがとかく空軍の心証が良くなかったこともあったけれども、また、あまりに凝りすぎた設計の本機の実用性にも問題があったことはたしかである。実際に、ハインケルも後に本機には改悪とも思える改造をほどこしている。

本機は一九三八年に、六三四・七三キロ／時の速度記録を樹立し、ついで翌年にはエンジンをチューン・アップした特殊型で、七四六・六キロ／時の速度世界記録を樹立した。

この後者の方はすぐさまメッサーシュミットのＭｅ209によって破り返されたが、ドイツ空軍はこのＨｅ100およびその改造型による記録樹立を、ともにＨｅ112Ｕ型なる架空の機体によるものとして公表した。

Ｈｅ100の中でソ連へ原型機が六機（Ｖ1、Ｖ2、Ｖ4、Ｖ5、Ｖ6、Ｖ7）日本海軍へＤ－0が三機輸出された。

ハインケルＨｅ112

アラドＡｒ68、ハインケルＨｅ51といった初代の戦闘機にかわる、次期主力戦闘機として、一九三四年に開発を開始した戦闘機で、一九三五年夏、第一号機（Ｈｅ112Ｖ1）が完成、つづいて一一月に第二号機、一二月に第三号機が完成した。

一号機はイギリス製のケストレル・エンジンを装備しており、ＤＢ六〇〇やＤＢ六〇一を装備した試作機もあったが、ユモ二一〇が標準であった。

逆ガルタイプの楕円テーパー翼をもったユニークな設計の単座引込脚機で、最大速度はＢｆ109と同じ四八〇キロ／時を出し、他の性能も甲乙つけがたかったが、けっきょく不採用となり、輸出向けに少数がつくられたのみに終わった。

Ａ、Ｂ二つのシリーズが計画されたが、Ａシリーズは原型機が作られただけである。Ｂシリーズは風防を密閉式にしたり、垂直尾翼を改良し、方向舵を大型化したりしたほか、ラジエーターも改良され、全体の形状はぐっとスマートになっていた。

Ｂシリーズには生産前型のＢ－0と生産型のＢ－1があり、Ｂ－0は約三〇機つくられ、そのうち一二機が日本海軍、一七機がスペイン、生産型Ｂ－1二四機がルーマニアにそれぞれ売却された。

ドイツ空軍では、第132戦闘航空団第Ⅲ飛行隊が一時的にＢ－0を一二機使用したが、間もなく輸出用にふりむけられた。Ｂ－1はエンジンをユモ二一〇Ｄａから二一〇Ｇに換装した改良型で、ハンガリーにも三機輸出された。

ハインケルＨｅ162〝フォルクスイエーガー〟

一九四四年夏、本土自体が連日の空襲にさらされ、事態が容易ならざる時期に至ったことを悟ったドイツ空軍は、四五年一月に量産開始の厳命つきで、「フォルクスイエーガー（国民戦闘機）」の試作を数社に命じた。

これは未熟なパイロットにも乗りこなせ、アルミ合金をあまり用いないで他のあり合わせ資材を材料にし、かつ高級な生産施設を要しないで、どんな工場でも容易に急速量産できる簡易・小型のジェット戦闘機で、そのうえ連合国空軍に対して、起死回生の打撃をあたえ得るような威力をもつというものであった。

この競試でハインケル社のＰ・一〇七三案が採用され、Ｈｅ162の制式名称で九月下旬に機体製作と細部設計が同時進行でスタートした。

上記要求に徹するため設計を極度に簡素化し、推力八〇〇キロのエンジン一基を胴体上方に背負式に装備するという、特異な方式を採用した。

また、このエンジン配置のため乗員には射出座席の採用を必要としたのである。胴体は金属製で一部木製、主翼は全木製であった。

月産四、〇〇〇機を目標に断末魔の様相を呈しはじめたドイツ国内の、末占領各地で量産に着手したものの、約二四五機が完成したのみにとどまり、最初の装備部隊である第一戦闘航空団第Ⅰ飛行隊が、数回の実戦出撃を行ない、二機撃墜の戦果をあげたところで敗戦を迎えてしまった。

ハインケルＨｅ219〝ウーフー〟

ドイツ空軍がおおいに期待していた双発の大型夜間戦闘機で、当初は侵攻も長距離掩護もでき、そのうえ急降下爆撃にも使えるものをということだった。設計着手は一九四〇年夏と早かったが、夜間戦闘機に絞って設計が本格化したのは一九四一年末になってからであった。ＤＢ六〇三Ａエンジン（一、七五〇馬力）を搭載した原型一号機Ｖ1は、一九四二年一一月に初飛行し、双発複座の大型機としてはかなりの高速といえる六一五キロ／時の速度を出した。高空性能も優秀だったので、ドイツの夜間防空の指揮官であるカムフーパー中将らから強い支持をうけた。

しかし、コローニュ被爆にはじまって、英空軍の夜間無差別都市爆撃がしだいに強化されて、夜間戦闘機の重要性が痛感されるようになっても、空軍次官ミルヒらは本機に冷淡で、生産機種の縮減と機種統一を主張して、Ｊｕ88や188の改造夜戦を優先したのである。Ｈｅ219はそれらよりずっと優れていたので、惜しいことであった。

生産前型Ｈｅ219Ａ―0のうち、最初に第一夜戦航空団に配備された一機は、著名な夜戦エース・ヴェルナー・シュトライプ少佐の手により、四三年六月にオランダ上空の夜間迎撃戦で英軍爆撃機をつづけざまに五機撃墜し、その優秀さの片りんを見せた。

しかし、実戦部隊で評価をうけながら、いぜん本機は不遇の立場におかれた。大戦末期になって本機の価値にめざめたときには、ときすでに遅かったのである。こんなことで本機は二六八機しか生産されていない。

英空軍の方がむしろ本機を高く評価しており、Ｈｅ219が適時に量産されていたら、ハンブルク、ケルン、ドレスデンの一方的大戦果は得られなかったであろうと語っている。

ドルニエDo335 “プファイル”

双発の戦闘機などは珍しくもないが、このＤｏ335はその一基を機首に、もう一基を胴体後部に、つまりタンデム配置にしたという点でまさに異形機であった。

これはプロペラ戦闘機の性能的な行きづまりを、なんとか打開しようとしての苦肉の策であったが、ドルニエ社は特にこの双発エンジン配置に熱をあげていたようで、本機のように実物まで作りあげてしまうにはいたらなかったけれども、本機の前にはＤｏ231、Ｄｏ266、本機の後にもＰ247、Ｐ252など、いろいろ計画していたのである。

その半面、ドルニエはジェット機には遅れをとっていたようで、いままでのところドルニエで計画したジェット機は、Ｐ256ただ一種しか知られていない。

けれども、とにかくプロペラ機の性能の行きづまり打破を、この異形に求めただけあって、一九四三年秋に完成したこのＤｏ335の第一号機は、高度こそ六、四〇〇メートルながら最大速度七六〇キロ／時と、速度はジェット機なみの高速を発揮したのである。

ただちにこの異形機の量産と実用が決定されたが、用途と当時の戦局を反映して、戦闘爆撃機、およびレーダー装備の夜間戦闘機が主となるはずであった。

他に複座の練習型や、非武装の偵察型も計画されていた。しかし、生産実績は増加試作型の二四機にくわえて、量産型が一一機完成したところで敗戦になってしまった。従って実戦歴もないまま終わってしまった。

ホルテンHo229

敗戦当時、ドイツではＭｅ262、Ｈｅ162両実用機に続く、いわば第II世代のジェット戦闘機がいくつも計画、または試作されていたが、それらの中でＭｅＰ.一一〇一、Ｔａ183は、すでに一九五〇年代のジェット戦闘機の形態をもっていた点で、素晴らしかった。

しかし、この両機よりもっと先進的な機体は、ホルテンＨｏ229であろう。なにしろ、今をときめく全翼形態を、五〇年も時代を先取りして採用していたのだから……。米国空軍のステルス爆撃機Ｂ-2と、根本的には同じであり、当時は、明確にそれを意識していたとは思われないが、間違いなくステルス戦闘機になったはずである。

この未来的な全翼形態ジェット戦闘機を考案したのは、少年時代より模型、グライダーの製作を通して、全翼型式の研究に打ち込んでいた、ヴァルター、ライマールのホルテン兄弟であった。

一九四二年、兄弟はそれまでの研究成果を踏まえ、初めて実用戦闘機を前提にした全翼機、ホルテンIXの設計、製作に着手した。エンジンはＢＭＷ003（のちにＪｕｍｏ004に変更）ターボジェット二基を、中央付近に並列に配置し、中央翼は鋼管骨組みにジュラルミン外皮だが、外翼はアルミ合金節約と生産の容易さを考慮し、骨組み、外皮とも木製とした。

一九四三年には、空軍から五〇万ライヒスマルクの資金援助が交付され、空力テスト用の無動力グライダーとして完成した原型1号機を経て、一九四四年一二月には、Ｊｕｍｏ004ターボジェットエンジンを搭載した原型2号機が初飛行に成功する。

テストでは、最高速度一、〇〇〇キロ／時という、驚異的な高速を示したことから、空軍はただちに、ゴータ社、クレム社を量産工場に指定し、まず最初の生産型をＨｏ229Ａ-1の制式名称で九三機つくることにした。

しかし、時すでに遅く、原型機が全部完成しないうちに敗戦となり、この先進の翼は、実戦で威力を示す機会がないまま消え去った。

〔解説・内藤一郎／秋本実／野原茂〕

ドイツ空軍主要戦闘機諸元・性能一覧表

機名	機種 用途	主翼 形式	乗員	発動機				寸法			重量			性能		実用上昇 限度(m)	航続距離 (km)	武装	
				数	名称	型式	離昇出力(HP)	全幅(m)	全長(m)	主翼面積(m²)	自重(kg)	搭載量(kg)	全備重量(kg)	最大速度(km/h/H)	上昇時間(m/分秒)			火器(mm)	爆弾(kg)
Fw190A-8	戦闘	低単	1	1	BMW801D-2	空複星14	1,700	10.5	8.84	18.30	3,170	1,260	4,430	653/6,285	6,000/9'54"	11,400	805	13×2、20×4	250×1又は50×4
Fw190D-9	〃	〃	1	1	Jumo213A-1	液倒V12	1,776	〃	10.19	〃	3,249	1,021	4,270	686/6,600	6,000/7'06"	11,100	810	13×2、20×2	250×1
Ta152H-1	〃	〃	1	1	Jumo213E-1	〃	1,750	14.44	10.82	23.5	4,031	1,186	5,217	752/12,400	8,000/12'36"	13,500	—	30×1、20×2	
Ta154A-4	夜戦	肩単	2	2	Jumo211N	〃	1,500	16.00	12.45	32.4	6,320	—	8,250	635/6,100	8,000/16'00"	10,000	1,365	20×2、30×2	
Bf109E-3	戦闘	低単	1	1	DB601Aa	〃	1,175	9.92	8.86	16.1	2,005	500	2,505	570/4,000	5,000/6'12"	11,500	663	20×2、7.9×2	
Bf109G-10	〃	〃	1	1	DB605DCM	〃	1,800	〃	9.02	16.05	2,328	1,015	3,343	690/7,500	6,000/7'30"	12,600	560	30×1、13×2	
Bf110C-1	駆逐	〃	2	2	DB601A-1	〃	1,050	16.20	12.10	38.50	5,200	1,550	6,750	560/7,000	6,000/10'12"	10,000	910	20×2、7.9×4 7.9旋×1	
Bf110G-4	夜戦	〃	3	2	DB605B-1	〃	1,475	〃	12.91	38.37	5,140	4,233	9,373	510/5,800	6,000/9'06"	8,000	1,270	30×2、20×2 7.9旋×2	
Me209V1	研究	〃	1	1	DB601ARJ	〃	1,800	7.80	7.24	—	—	—	—	755/100	—	—	—	—	—
Me210A-1	駆逐	〃	2	2	DB601F	〃	1,350	16.40	11.20	36.20	7,076	2,638	9,714	567/5,400	6,000/12'24"	8,900	1,808	20×2、7.9×2 13旋×2	
Me410A-1	〃	〃	2	2	DB603A-1	〃	1,750	〃	12.40	〃	7,458	2,116	9,574	628/6,700	6,000/10'42"	10,370	1,680	20×4、7.9×2 13旋×2	
Me163B-1a	戦闘	中単	1	1	HWK-109/509A	ロケット	1,700kg	9.32	5.9	17.8	1,890	2,385	4,275	957/9,000	12,040/3'30"	12,040	80	30×2	
Me262A-1a	〃	低単	1	2	Jumo004B	ジェット	900kg	12.51	10.60	21.70	3,770	2,575	6,345	870/6,000	6,000/6'48"	11,550	1,043	30×4	
Do335A-1	戦闘爆	〃	1	1	DB603E-1	液倒V12	1,900	13.80	13.85	38.5	7,202	2,320	9,522	758/6,500	8,000/14'30"	9,500	1,387	30×1、20×2	500×1又は250×2
He112B-0	戦闘	〃	1	1	Jumo210E	〃	680	9.1	9.3	17.0	1,620	630	2,250	510/4,700	6,000/10'00"	8,500	1,100	7.9×2、20×2	
He100D-1	〃	〃	1	1	DB601Aa	〃	1,175	9.4	8.2	14.5	2,070	430	2,500	670/4,000	6,100/7'48"	10,500	900	20×1、7.9×2	
He162A-2	〃	肩単	1	1	BMW003E	ジェット	800kg	7.20	9.25	11.20	1,650	935	2,585	835/6,000	6,000/6'36"	12,000	1,000	20×2	
He219A-7	夜戦	〃	2	2	DB603G	液倒V12	1,900	17.9	14.95	40	11,200	4,100	15,300	670/7,000	6,000/11'30"	12,700	2,000	20×2、30×4	

写真集ドイツの戦闘機〈目次〉

写真解説／野原茂

当時のオリジナルカラー写真で見るドイツ空軍戦闘機……1

昼間戦闘機 Tagjagdfugzeug……9

メッサーシュミット Bf109……10
ハインケル He112……36
ハインケル He100……38
メッサーシュミット Bf110……42
フォッケウルフ Fw190……54
アラド Ar240……78
メッサーシュミット Me210……79
メッサーシュミット Me410……82
メッサーシュミット Me209……88
メッサーシュミット Me309……89
ブローム・ウント・フォス Bv40……90
ブローム・ウント・フォス Bv155……91
ドルニエ Do335〝プファイル〟……92
ハインケル He280……104
メッサーシュミット Me262……106
ハインケル He162……118
メッサーシュミット Me163〝コメート〟……122
メッサーシュミット Me263……127
ホルテン Ho(Go)229……128
メッサーシュミット MeP.1101……132
バッフェム Ba349〝ナッター〟……133

Bf109Eと英本土航空決戦(野原茂)……16

ドイツ空軍戦闘機隊の基本編成……23

外国に輸出されたドイツ戦闘機……40

〝敗者復活〟? 再編成された駆逐航空団……51

私がテストした名機Fw190の性能(荒蒔義次)……60

ドイツの航空技術に大きく依存した日本(野原茂)……76

ドイツ戦闘機の迷彩塗装……86

世界最初のジェット戦闘機隊……109

ドイツ無尾翼機の権威リピッシュ博士……126

第二次大戦におけるドイツ空軍の戦闘機エース……134

ドイツ空軍昼間戦闘機隊エース・リスト……136

夜間戦闘機 Nachtjagdflugzeug……137

メッサーシュミット Bf110……138
ドルニエ Do17、215、217……146
ユンカース Ju88……148
Bf109／Fw190／Fw189……152
フォッケウルフ Ta154〝モスキート〟……154
ハインケル He219〝ウーフー〟……158
ユンカース Ju388J〝シュテールテベーカー〟……160
メッサーシュミット Me262B……161

ドイツ夜戦の機上レーダー(野原茂)……144

ドイツの航空機銃／機関砲(小橋良夫)……166

ドイツ空軍戦闘機主要機体解説……172

ドイツ空軍主要戦闘機諸元・性能一覧表……181

メッサーシュミット Bf109G-6、Bf110G-4カラーイラスト……25
ドイツ空軍機国籍標識基準、飛行隊記号、幹部記号……28
メッサーシュミット Bf109E-3精密五面図……95
メッサーシュミット Me262A-1a精密五面図……99

＊協力された方々
内藤一郎、荒蒔義次、秋本実、小橋良夫、BUNDESARCHIV、Deutsches Museum、U.S.Army、U.S.Air Force、U.S.Navy Official、National Archives、Smithonian Institution
………〈順不同・敬称略〉

写真集ドイツの戦闘機

2000年4月7日 印刷
2000年4月13日 発行

編　者　野原　茂
発行者　高城直一
発行所　株式会社　光人社
〒102-0073　東京都千代田区九段北1-9-11
電話03(3265)1864(代)　振替00170-6-54693
装　幀　天野　誠
印　刷　図書印刷株式会社
製本所　図書印刷株式会社

定価はカバーに表示してあります。

無断転写、転用を禁じます。乱丁落丁のものはお取り替え致します。

ISBN4-7698-0956-5 C0072　©2000 Printed in Japan